JN139969

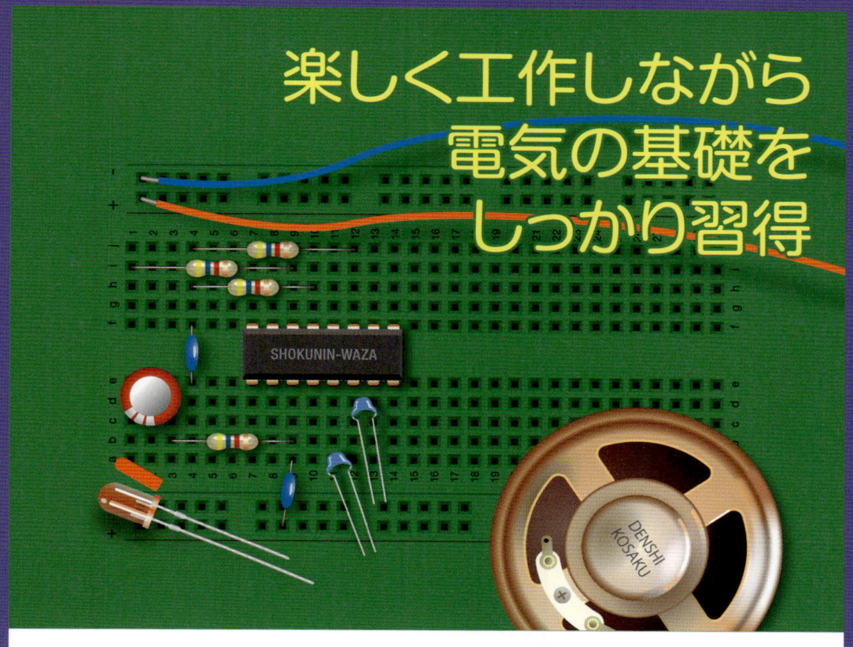

電子工作の職人技

高瀬 和則 著

技術評論社

はじめに

電子工作を行うにあたって、どのような部品を使うか。たとえばトランジスタの使い方やリレーを使う上での注意点など断片的な情報は、インターネットが普及した現在では簡単に収集することができます。

しかし、そのような部品の集合作品である電子工作の詳細を解説したページはあまり見かけません。初心者には難解な回路図を並べて作成した電子工作物を紹介するサイトはよく見かけますが、回路図の基本的な説明を欠くと初学者にとってはこれほど電子工作を遠ざけるものはありません。

私も初めは初学者で、トランジスタやLEDも扱えませんでしたが、何かを作るという工程で少しずつ部品の扱い方や工具の使用方法を学びました。

本書は、“とにかく何か作りたい”、“でも何からはじめたらいいかわからない”、“電子工作の次のステップアップに”などと考えている方に最適です。

Part 1 から Part 4 まで 4 章立ての構成で、部品の説明や工具や結線の方法など電子工作をトータル的に学んでいきます。

Part 1 ではオームの法則や電気の性質などを解説しています。この章では具体的に何かを作るということはしないので、電気についてある程度理解されている方は読み飛ばしても大丈夫でしょう。

Part 2 は電子工作において必ず出てくる部品について説明し、実際に工作物を作って行きます。

Part 3 から Part 4 では本格的に実用レベルの電子工作物を作成していくので、本来の楽しい電子工作の醍醐味を味合うことができるでしょう。

もくじ

Part 3 本格的な工作にチャレンジ！

Part 4 こんなものまで作れる !! 便利な工作キットを作ろう

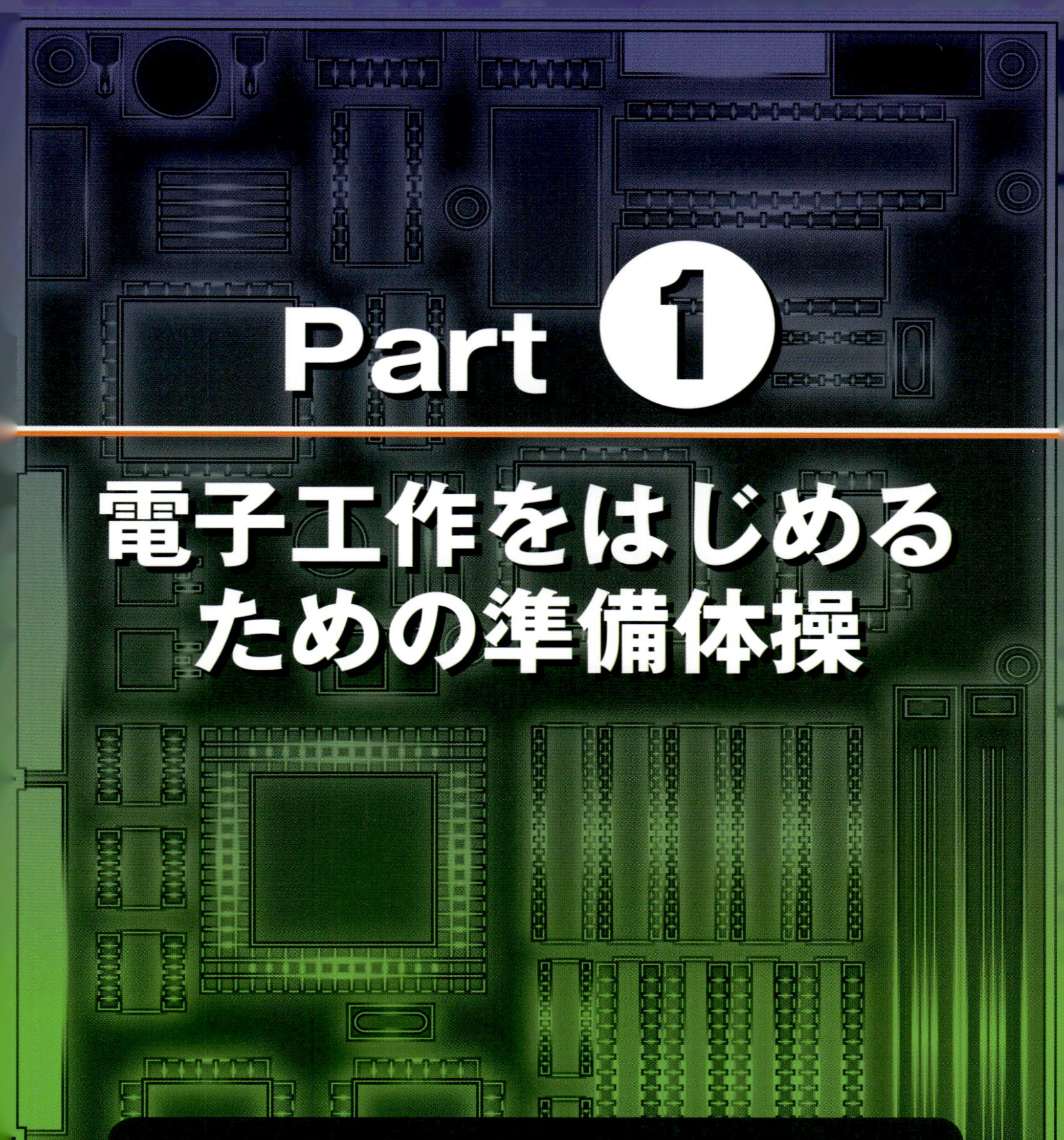

Part ❶

電子工作をはじめるための準備体操

Part ❶ではオームの法則を含めた電気の性質や工作に必要不可欠な部品の説明と入手方法、最低限必要になる工具など“電子工作をはじめる準備”について解説します。わからないところは読み飛ばして、こんなものか程度の理解度で大丈夫です。

1−1 おさらいをしよう！　オームの法則と電気の性質

オームの法則を復習しよう

電子工作を行うにあたって必要になる知識がオームの法則です。

オームの法則とは、簡単にいうと回路における電圧、電流、抵抗値の関係のことです。

電圧は電気を流す力に例えられます［図１−１−１］。電圧は電気を送り出すポンプ、電流はそのポンプによって送り出される水、抵抗はその電流の水を妨げる細い水路を、それぞれイメージしてみてください。

この［図１−１−１］よりたくさんの電流を流そうと思えば、狭い水路である抵抗をもう少し太い水路に変更しなければなりません。電気回路的にいうと、狭い水路を太くすることは抵抗値を小さな値に変更するということになります。また、ポンプの大きさ、すなわち電圧を高くすればたくさんの電流を流すことができます。

このように、電圧と抵抗の値によって電流の流れ方が変化するという関係を示したのが、オームの法則になります。

数式で表すとＥ（電圧）＝Ｒ（抵抗）×Ｉ（電流）となります。オームの法則を簡単に計算できるようにしたのが［図１−１−２］です。

図１−１−１ 電圧、電流、抵抗のイメージ

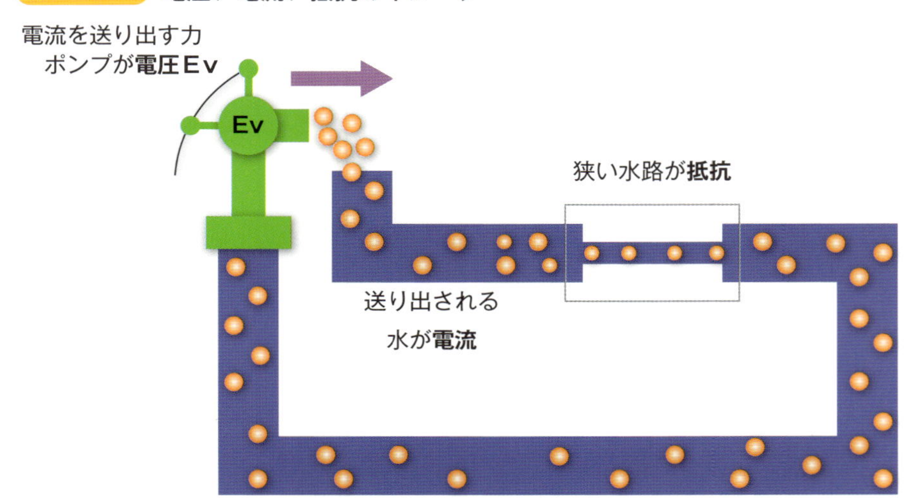

図1－1－2 オームの法則の計算図

求めたい部分を指で隠して、残った数値で計算します。たとえば電流を求める場合は、電流のⅠを隠してⅠ（電流）＝Ｅ（電圧）÷Ｒ（抵抗）となります。

図1－1－3 電流の求め方

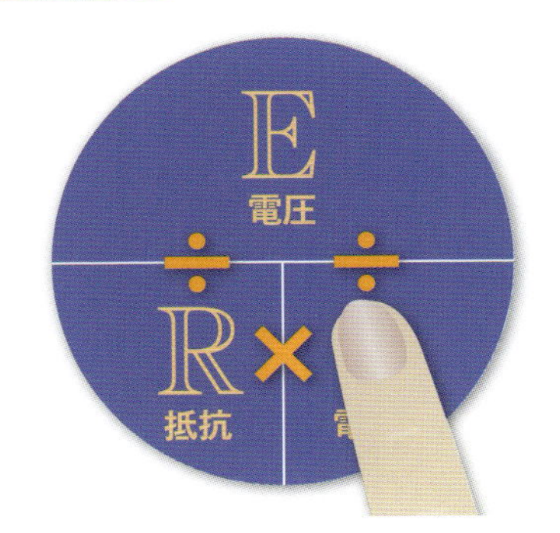

抵抗値を求めたい場合は、Ｒ（抵抗）＝Ｅ（電圧）÷Ⅰ（電流）です。

図1－1－4 抵抗の求め方

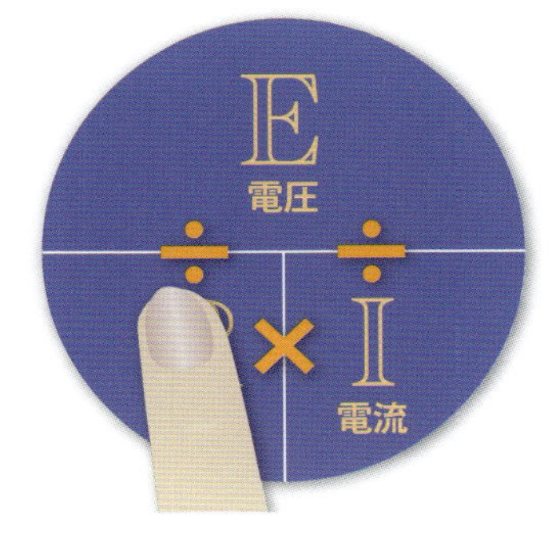

電圧の場合も同様にＥ（電圧）＝Ｒ（抵抗）×Ⅰ（電流）となります。

図1－1－5 電圧の求め方

電圧のかかり方と電流の流れ方

電気回路には直列回路と並列回路があります。何をもって直列か並列かといえば、それは抵抗のつながり方です。

直列回路での電圧

直列回路の場合抵抗にかかる電圧は、直列につながれた抵抗値の比によって変化します。

水路の図でイメージしてみましょう

図１－１－６　直列回路の電圧のイメージ

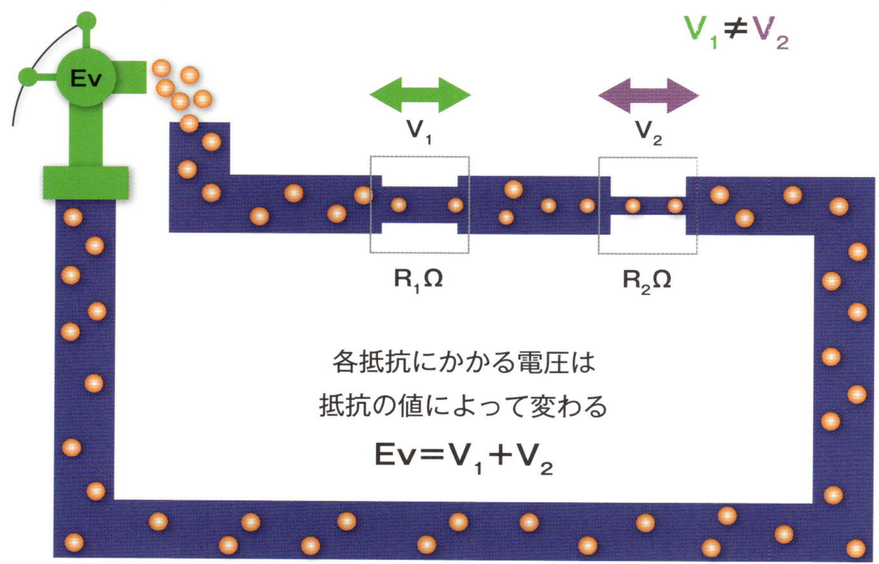

［図１－１－６］。細い水路、すなわち抵抗によって水の勢い（電圧）は弱まりますよね。その後ろにも抵抗が直列につながっているのですから、抵抗の値（水路の太さ）によって水の勢いが異なってくることは明白です。電気回路的にいうと、弱まった水の勢いのことを抵抗にかかる電圧といったりします。

直列回路では、各抵抗にかかる電圧は各抵抗値の比によって異なり、電圧の分圧といったりします。分圧された電圧の求め方は、［図１－１－６］のR_1にかかる電圧V_1を求める場合は$V_1 = R_1 \div (R_1 + R_2) \times Ev$となります。

直列回路での電流

直列回路では抵抗にかかる電圧は異なりますが、流れる電流はどの部分でも同じです。

これも［図１－１－７］のようにイメージできますが、流れる電流の量は水路の一番細いところ、すなわち抵抗値が高いところに規定され、いくら他の直列につながれている抵抗値が小さくても抵抗値の高いところに引きずられます。

実際に回路に流れる電流を求める場合には、全ての抵抗値を足してオームの法則で求めます。直列回路では総抵抗値は単純に、全抵抗値$R = R_1 + R_2$となります。

回路の電流は、電流$I = Ev \div (R_1$

図1－1－7 直列回路の電流のイメージ

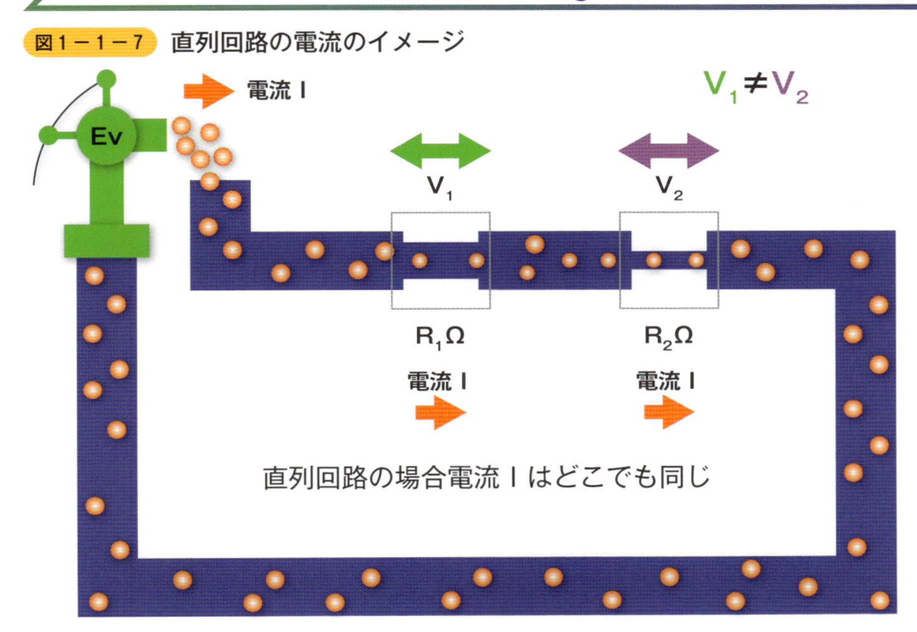

図1－1－8 並列回路の電圧のイメージ

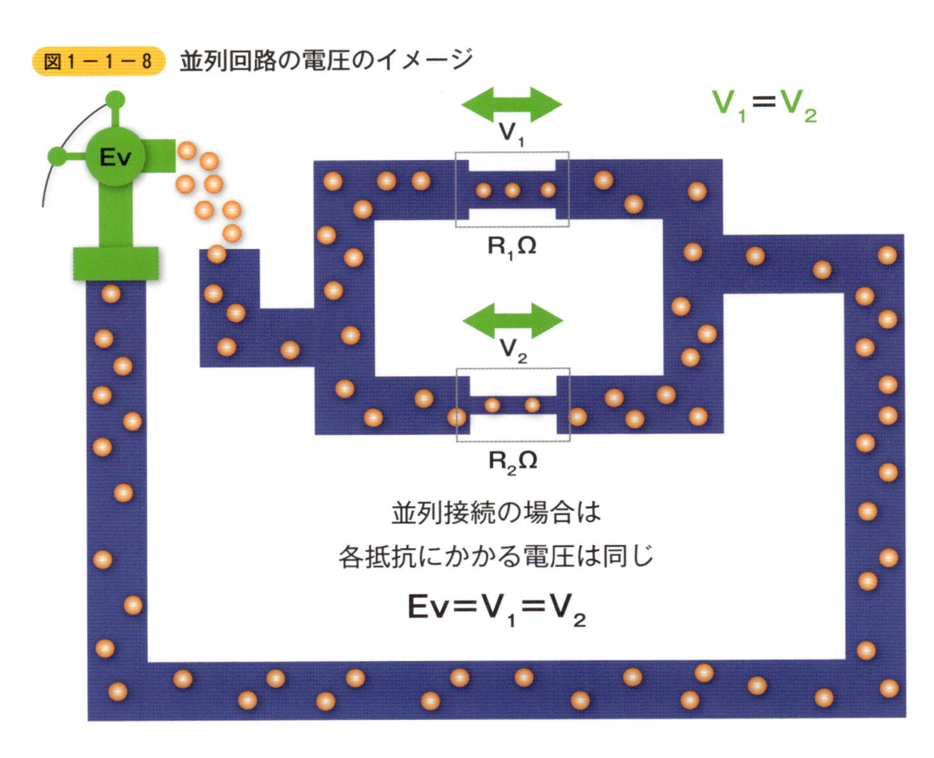

＋ R_2）で求めることができます。電流はどこでも同じなので、オームの法則から各抵抗値によって電圧が異なることもわかりますね。

並列回路での電圧

並列回路では直列回路と違い、並列につながれた抵抗には同じ電圧がかかります。［図1－1－8］からもわかるように、並列につながった水路の太さが異なっていても水路のはじめにかかる圧力は同じです。

ですので、並列回路では各抵抗にかかる電圧は電源電圧と同じということになります。

並列回路での電流

並列回路では電圧は同じですが、電流値は異なる値となります。

よく考えたら当たり前ですよね。並列なので電圧は同じで、抵抗値が異なるのですから、オームの法則から電流値は計算することができます。

電流は、［図1－1－9］のように抵抗の値によって流れ方が変わります。これを電流の分流といいます。

図1－1－9　並列回路の電流のイメージ

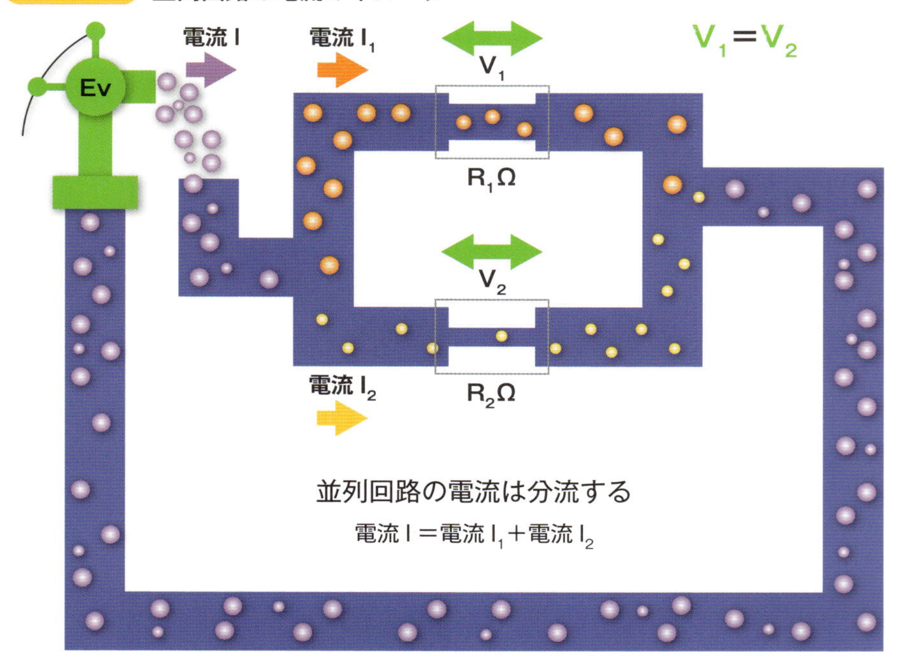

並列の合成抵抗R　$\frac{1}{R}=\frac{1}{R_1}+\frac{1}{R_2}$

1－2 抵抗とコンデンサをマスター

電子工作を行う上で避けては通れない道があります。それは抵抗器の値とコンデンサの容量を読み取るという行為です。

その前に乗数の呼び方から復習しましょう。正確にはSI単位の接頭語といいます。日常でもkm（キロメートル）などと使っていますが、このk（キロ）というのが接頭語にあたります。

接頭語は［図1－2－1］のように、後ろに単位がつきます。たとえば1000mは1kmといった具合です。余談ですが、食べ物にギガ〇〇バーガーなどといった名前の商品がありますが、10の9乗バーガーではなくデカイという意味ですのでお間違えなく。

図1－2－1 乗数の呼び方

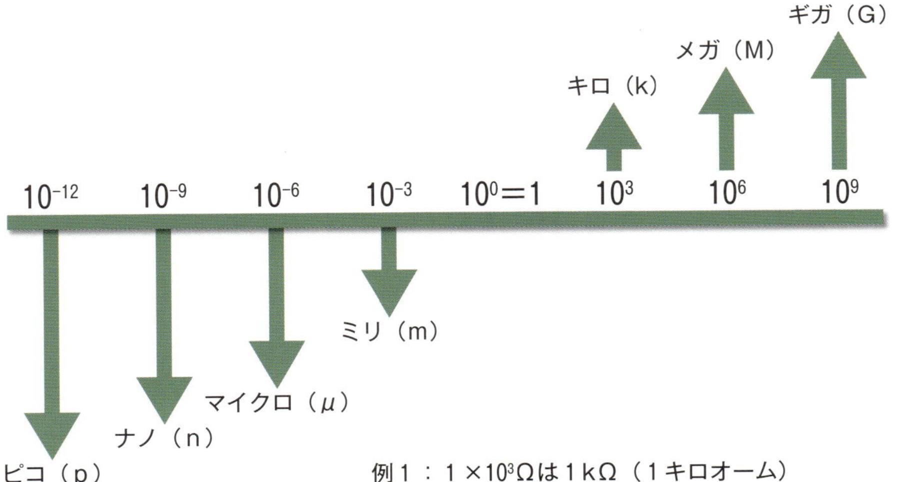

例1：1×10^{3}Ωは1kΩ（1キロオーム）
例2：1×10^{-6}Ωは1μF（1マイクロファラッド）

抵抗器の値とカラーコード

抵抗器の場合、抵抗器の表面に印字された４本ないし５本の色帯によって抵抗器の値を読み取ることができます。

図１－２－２ 抵抗器の値の見方

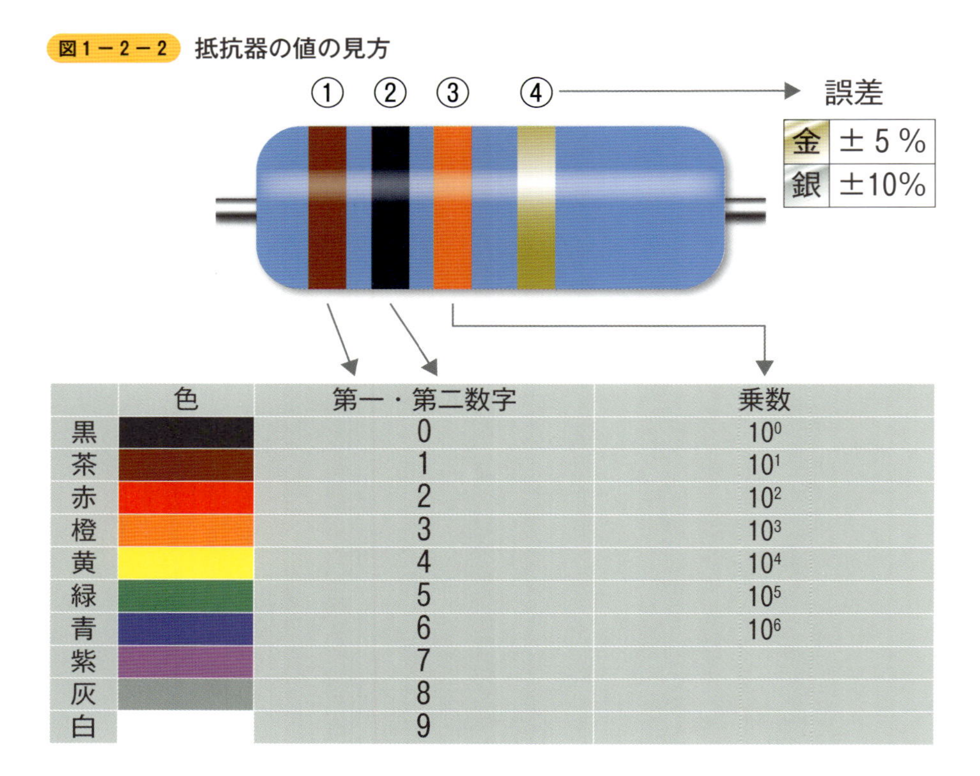

	色	第一・第二数字	乗数
黒		0	10^0
茶		1	10^1
赤		2	10^2
橙		3	10^3
黄		4	10^4
緑		5	10^5
青		6	10^6
紫		7	
灰		8	
白		9	

［図１－２－２］を例に説明します。①、②の色に当てはまる数字を読み取ります。５本の場合は３本目までの値を読み取ります。この図では茶色が１で黒色が０なので10になります。続いて③が乗数で、ここでは橙色なので10^3ですね。ですので、この抵抗値は$10×10^3$Ω、要するに10kΩ（10キロΩ＝10000Ω）となるわけです。

④の色帯は抵抗器の許容差になります。要するに誤差です。この図では、金色なので±５％です。もし銀色なら±10％となります。なお、金や銀以外にもあるのですが、もっと小さい誤差になるので金と銀だけ知っていればこと足ります。

コンデンサの容量の見方

コンデンサとは電気を貯めたり、放出したりする性質があります。どのくらい貯めることができるかを容量で表します。

容量の単位はF（ファラッド）といいます。電子工作では、市販されている一般的なコンデンサのうち数pF（ピコファラッド）から数千μF（マイクロファラッド）のものをよく使用します。

［図1－2－3］のようなコンデンサを電解コンデンサ、またはケミカルコンデンサと呼びます。容量は見ての通り丁寧に外装に印字されているので一目瞭然です。

困るのがフィルムコンデンサ［図1－2－4］やセラミックコンデンサ［図1－2－5］です。

このようなコンデンサでは3桁の数字と1桁のアルファベットで容量を表記しているので、［図1－2－6］のように読み替えて容量を読み取ります。

図1－2－3 電解コンデンサ

図1－2－5 セラミックコンデンサ

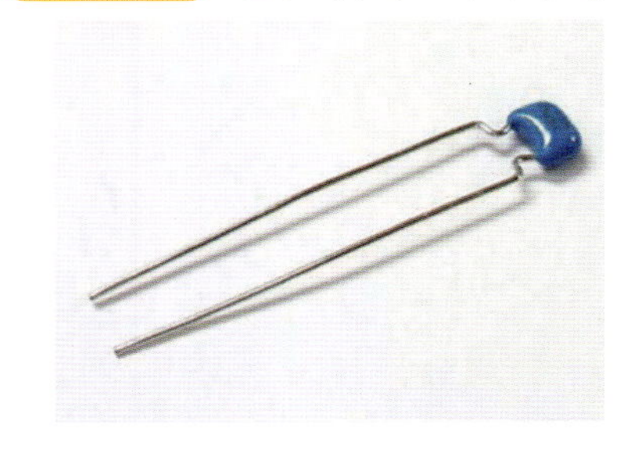

図1－2－4 フィルムコンデンサ

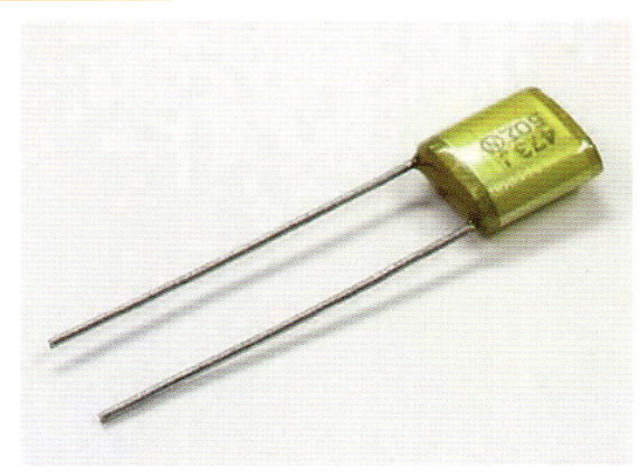

図1－2－6 コンデンサの容量の見方

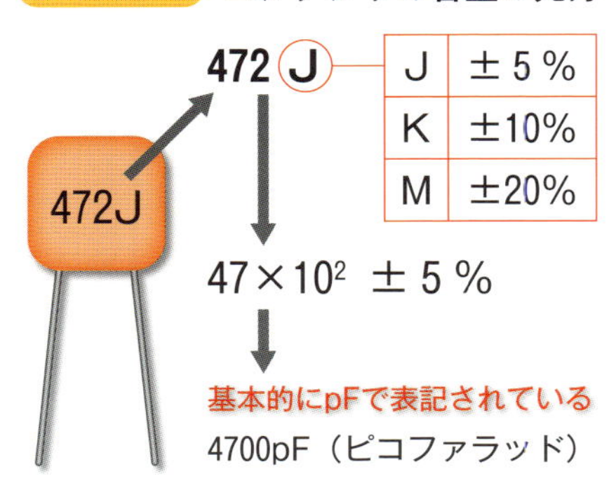

コラム１：抵抗器の種類と用途

電子工作で使用する抵抗器には炭素皮膜抵抗器（カーボン抵抗）、金属皮膜抵抗器（キンピ）、セメント抵抗器、メタルクラッド抵抗、可変抵抗器などが存在し定格電力も1/6W、1/4W、1/2W、１W以上などがあります。

電子工作でよく使用する抵抗器

名前	写真	特徴と用途
炭素皮膜抵抗器（カーボンともいいます）		最もポピュラーで安価な抵抗器。よく使う抵抗器を集めたセットなども販売されています。とりあえず１kΩ、10kΩ、100kΩ、１MΩはよく使用するので、持っておいて損はないでしょう。抵抗といえばこのカーボン抵抗で、何にでも使えます。
金属皮膜抵抗器（キンピともいいます）		精度が高いのが最も有名な特徴。温度係数が小さいので温度上昇時の抵抗値の変化も小さいです。オーディオ工作などアンプを使う精度を必要とする工作に使います（私の場合）。
半固定抵抗器		基板に直接取り付けるタイプの抵抗器で、ドライバーなどで抵抗値を変更することができます。基盤上で抵抗値を変更できるので、抵抗値を可変する工作で使用します。
可変抵抗器（ボリューム）		主にケースなどに取り付けるいわゆるボリュームと呼ばれているものです。回転角度と抵抗値の変化量で主にＡカーブとＢカーブという種類があります。電圧を調節したり、音を加減したりと工作では必ずといっていいほど使用します。

セメント抵抗器	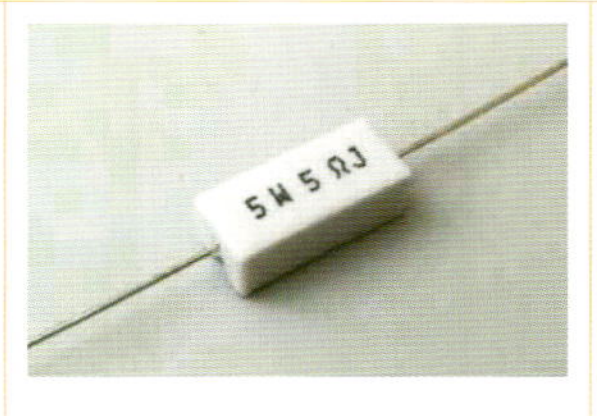	金属皮膜抵抗をセメントで固めたもので、中電力でよく使われます。高温に強いという特徴があります。電流をよく通す回路に使ったりします。ごつごつしていて頼れる強い奴といったイメージです。
メタルクラッド抵抗器		アルミのケースに抵抗器が収められており、セメント抵抗より発熱に強い抵抗器です。電流をよく通す回路に使ったりします。メタルチックでかっこいいです。

ほとんどの可変抵抗器には3つの足があり1、2、3と番号が振られています。1番―3番に電圧をかけ、ツマミを回すことで2番とその他の端子の抵抗値が変動する仕組みです。

左に回すと

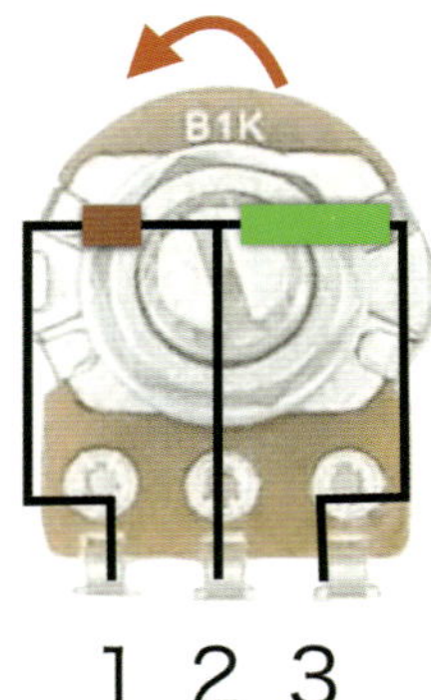

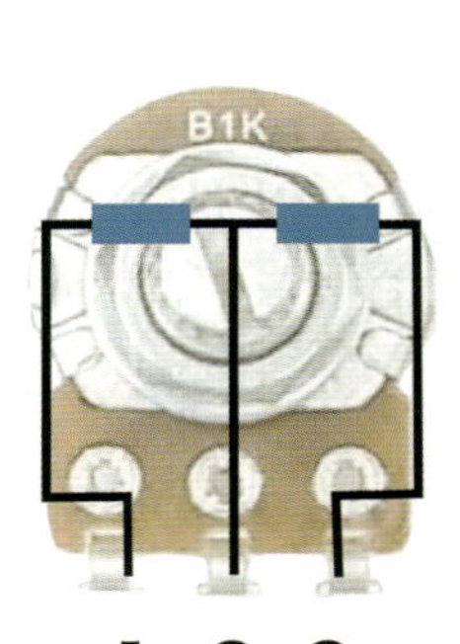

右に回すと

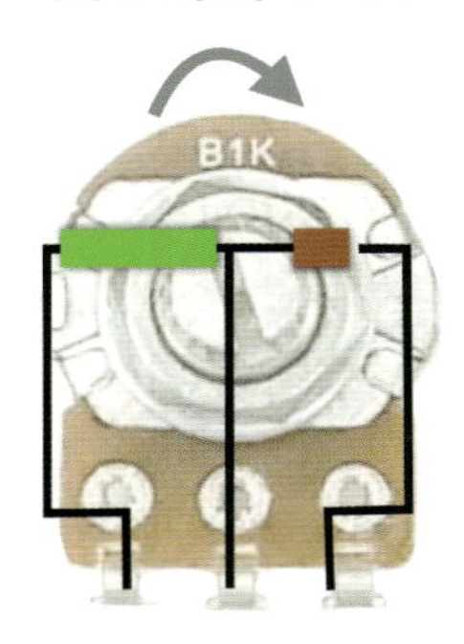

たとえば1番にプラス、3番にマイナスの電圧をかけておき、つまみを右に回せば1番―2番間の抵抗値は増え、かかる電圧も増えます。左に回せば1番―2番間の抵抗値は減ることになりかかる電圧も下がります。

ボリュームはこうした抵抗値の可変から電圧を変化させたり、電流を増減させたりして、場合によってはアンプのゲイン（増幅率）を変化させたりするのに使います。

コラム２：コンデンサの種類と用途

コンデンサは電気をためたり、放出したりする部品で、電子回路においてなくてはならない存在の１つです。たくさんの種類がありますが、以下の表の種類を知っていれば電子工作を行う上では困らないでしょう。

コンデンサの種類と用途

名前	写真	図記号	極性	特徴と用途
電解コンデンサ（ケミコンともいいます）			あり	電源の平滑などに使ったりします。オーディオ用など高級なもの、色がメタリックでかっこいいものなど、チョイスに頭を悩ませる部品の１つ。部品に耐電圧や容量が書かれているのも特徴。極性があるので、つなぎ方には注意が必要です。
セラミックコンデンサ			なし	周波数特性がいいので高周波を扱う回路に多用します。
フィルムコンデンサ			なし	高精度というのが最も有名な特徴です。温度係数が小さいので精度ばつぐん。
可変容量コンデンサ（バリコン）			なし	ラジオでは同調回路になくてはならない存在です。
トリマーコンデンサ			なし	容量を可変できしかも固定できるので高周波を扱う回路での調整に使用したりします。

1−3 材料はどこから調達するか

電子部品

都会にお住いの方なら、東京なら秋葉原、大阪なら日本橋の店頭に出向き、ショップ店員に部品リストなりを見せれば、すぐに必要な材料が揃うでしょう。しかし、私を含めた地方住まいの人はそうはいかないので、通信販売に頼らざるをえません。

現在インターネットは凄まじく進歩しており、電子部品の調達なら安価にそして早く欲しいものが手に入る時代になりました。代表的なところをいくつか紹介しましょう。

秋月電子通商

（http://akizukidenshi.com/catalog/default.aspx）

秋月電子通商の通販サイトは1日5万人が利用する電子工作ユーザに最も知られたサイトの1つです。電子パーツ、マイコンのみならずキット販売や完成品の品揃えも豊富で、今回本書で紹介する電子工作では秋月電子ですべてのパーツが手に入ります。送料が500円なので、東京近郊の方でも電車賃を考えれば通販のほうがお得かも。

 せんごくネット通販

（http://www.sengoku.co.jp/index.php）

千石電商のネット通販です。こちらも由緒ある東京は秋葉原に店舗をもつ老舗で、各種電子パーツやキット、完成品の販売を行っています。

秋月電子との違いは千石電商でしか手に入らないパーツがあるというところです。特に最近ではオーディオ系のパーツなどに力をいれているようです。一部商品はあの Amazon でも販売されています。買い物の合計が 1 万円を超えると送料が無料となります。

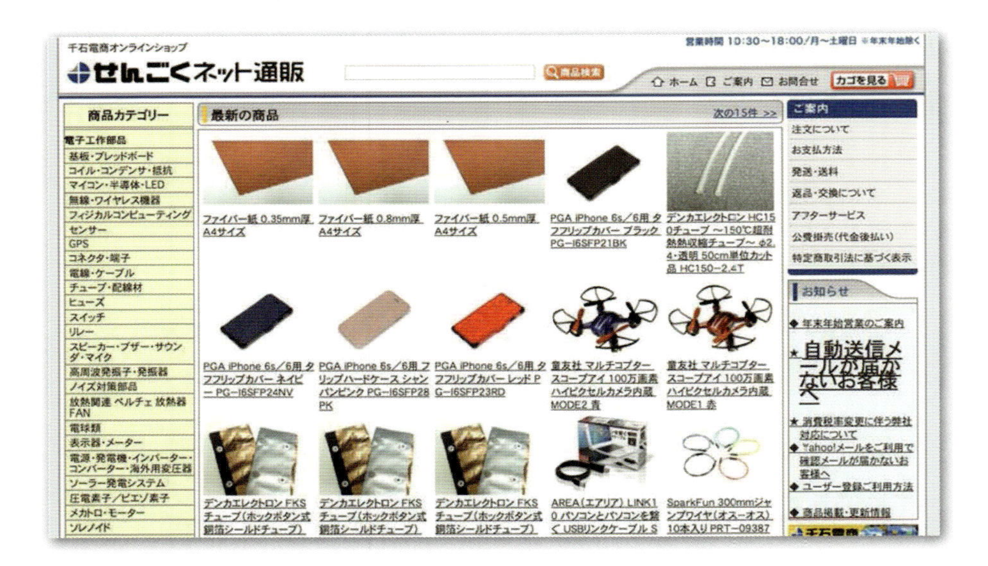

マルツオンライン
（http://www.marutsu.co.jp/）

マルツパーツのオンライショップです。他の通販サイトとは一味違った部品を取り揃えているのが特徴でしょうか。どちらかというと、玄人向きのパーツ屋ともいうべき品揃えです。マイコンボードや組み込み系の CPU ボードなどが豊富で、アナログ電子工作に飽きたら次はマイコン電子工作にチャレンジしましょう。送料は5,000円以上買えば無料になります。

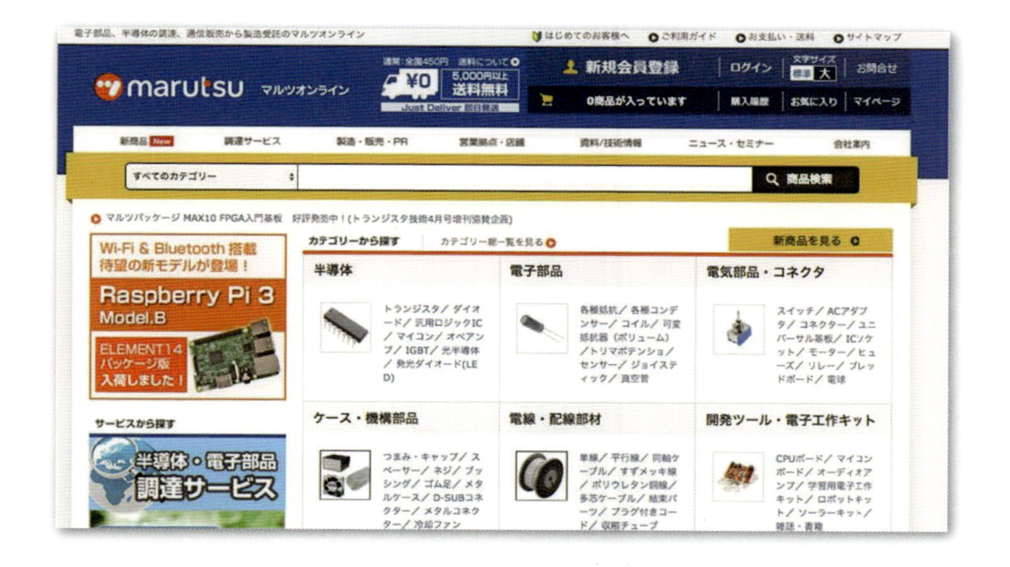

材木、ボルト、ナット、ネジなど一般的な日曜大工用品

これらはホームセンターなどから入手します。DIY 用品はいろいろラインナップがあるので、作成したいものが決まっていれば何か使えるものはないか店内をぐるりと回ってみてください。意外に掘り出し物が見つかったりします。

また、意外と使えるものがあるのが100円均一ショップです。工作物のケースに使える硬いポリカーボネートケースやポリエチレンやポリプロピレンのタッパーが破格の100円で売られていますし、十分使用できる鉛フリーはんだもあったりします。一度覗いてみる価値があります。

1－4　最低限必要な工具はこれだ!!

電子工作を行う上で必要になるものは知識、材料、そして工具です。

でも最初から飛ばしすぎて、使い方もわからない工具をあれこれ揃えてしまうのは、お金がかかるしナンセンスです。最低限必要な工具を揃え、あとは必要に応じ、必要に駆られ買い足していく、そうすることによって工具一つひとつの使い方や性質がわかり、さらに愛着が湧き、永く愛すべき工具へと変化するのです。なんちゃって。

必要なもの　その1　はんだこて

通常の電子工作ではんだ付けする範囲であれば20W～30W程度のはんだこてが最適です。はんだこては100円均一ショップなどでも売られていますが、信頼性のあるgootや白光などの有名メーカーのものをおすすめします。はんだこての他にはんだやコテ台、ヒートクリップ付きのお得な製品もあります。

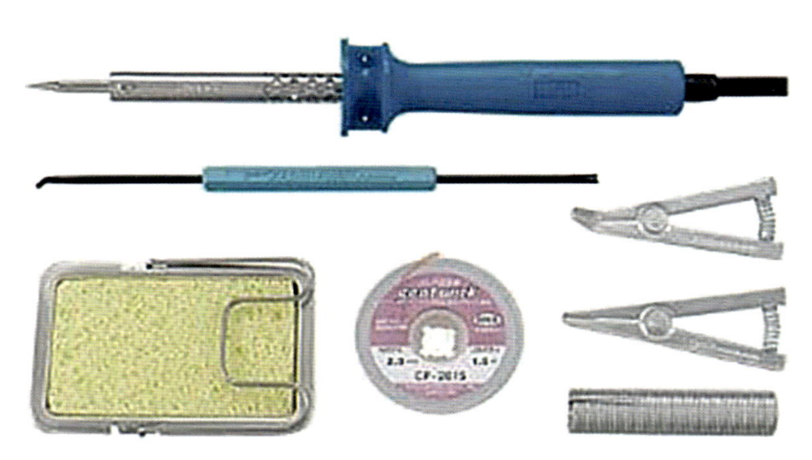

goot電子工作用はんだこてセット
X-2000E
費用：1,000～2,000円

必要なもの　その2　ニッパ

フジ矢スモールニッパ
MP 4 -110
費用：1,000〜2,000円

主に電線や部品の足を切るために使用します。こちらも100円均一ショップなどで売られていますが、噛み合わせや切れ味の問題があり、結局いいものを買うはめになります。最初から信頼性のある有名メーカーのものを選ぶのが賢明です。

おすすめメーカーはフジ矢で、特に精密ニッパと呼ばれる小型タイプがいいでしょう。他にもさまざまなサイズがありますが、電子工作で使用するニッパは小型タイプがぴったりです。

中には電線の被覆を剥けるものや硬い電線でも一刀両断できる強力タイプなど付加価値がついたものもあるので、自分に合ったものを選びましょう。

必要なもの　その3　テスター

電子工作において回路電圧や電流のチェックは、正しく工作物が動いているかの指標となります。そのため、テスターは必須アイテムといえます。テスターにもさまざまなものがありますが、最初は1,000円程度の安いもので大丈夫です。

テスターを大別するとデジタル式とアナログ式とがありますが、初心者なら迷わずアナログテスターを買うべきです。なぜなら、プローブを当てるだけである程度自動で計測できてしまうデジタル式とは異なり、回路のことを考えながら電圧や電流を計測するアナログ式のほうが、圧倒的に電子工作ノウハウが育つからです。

コラム3：電子工作に使用する電線

電線には**単線**と**より線**があります。

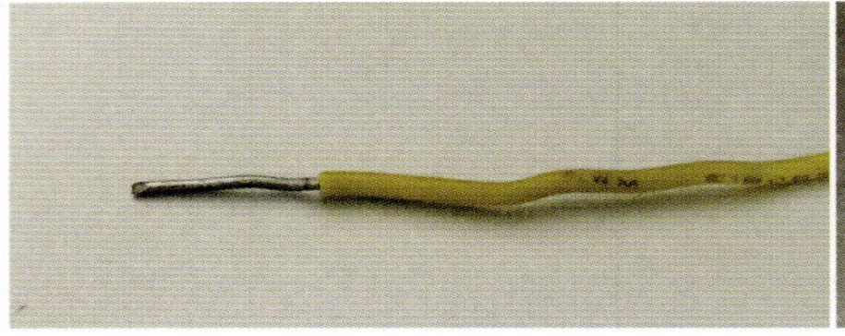

単線

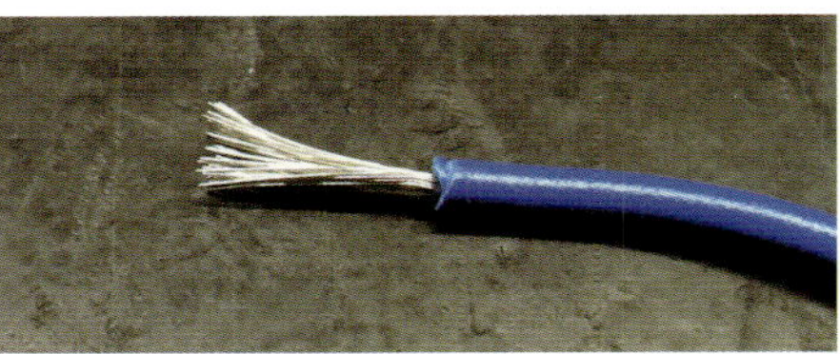

より線

より線はケーブルがしなやかで取り回しがききますが、構成している電線が細いため、被覆を剥がすときや、劣化などによりケーブル内で断線することがあります。電子工作での単線はブレッドボードのジャンパピンによく使用されます。ブレッドボードにもよりますが、0.6mm程度（導線直径）の単線がジャンパピンには最適です。

電線や電子ワイヤーのサイズは、AWGという表現方法とスケア（sq）いう呼び方で表すことが多いです。AWGというのはアメリカワイヤーゲージ（America Wire Gage）といって、数が大きいほどケーブルの直径サイズが小さくなります。ちなみに、ピアスの穴のサイズや注射器の針もAWGで表しています。

一方スケアはスクエアミリメートル（mm^2）を縮めた言い方で電線の面積を表しています。

電子工作で使用する電子ケーブルでは、AWG24からAWG18を、スケアでは0.2から0.75sqをよく使用します。

AWGとスケアの対応表

AWG	スケア（sq）
24G	0.2 mm^2
22G	0.3 mm^2
20G	0.5 mm^2
18G	0.75mm^2

18G（0.75sq）は、比較的大きな電力を扱う配線やワニロクリップケーブルを自作する場合に最適なケーブルサイズになります。ちなみに、18Gは献血の注射針サイズと同等で結構太いです。

ユニバーサル基板などの空中配線として使う場合は、24G（0.2sq）程度が最適です。ユニバーサル基盤の穴のサイズは、1mm程度なので導線を穴に刺すのに丁度良いサイズです。

Part ❷
電子工作 はじめの一歩

Part ❷では電子工作でよく使う部品について説明し、実際の工作を通してその使用方法を楽しく理解していきます。

2−1 あなどるなかれLEDを光らせることの面白さ

最初の電子工作は、ずばり光りもの!! そうLEDの点灯です。

LEDを光らせてもなぁ～と、今思いませんでしたか？ しかしLEDを光らせるということに電子工作の“楽しさ”が秘められているのはあまり知られていません。きっとあなたもLEDをうまく点灯させる頃には、“LEDは面白い!!”と口走っていることでしょう。

LEDは、現在の電化製品では使われてないことのほうが珍しい部品の1つで、正式には発光ダイオードといいます。そう、LEDとは光るダイオードなのです。

図2−1−1 LED

図2−1−2 LEDの回路図記号

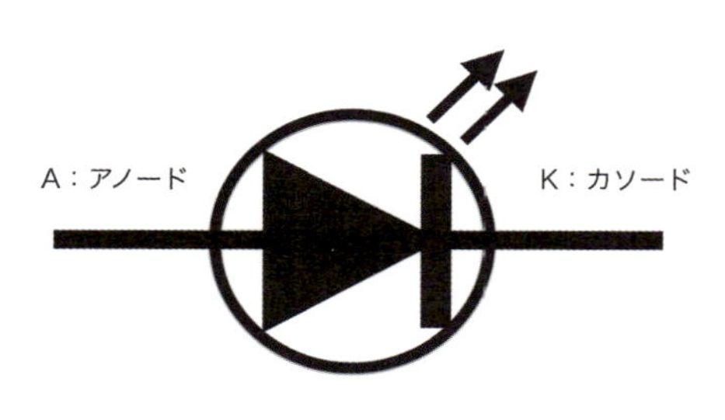

LEDの特徴

LEDに流れる電流は方向が決まっています（極性がある)。足の長いほうがアノード（A）でプラスの電圧をかけます。短いほうをカソード（K）といいマイナスの電圧をかけます。

図2−1−3 LEDの電流の流れ

図２－１－４ LEDには必ず電流制限抵抗を付ける

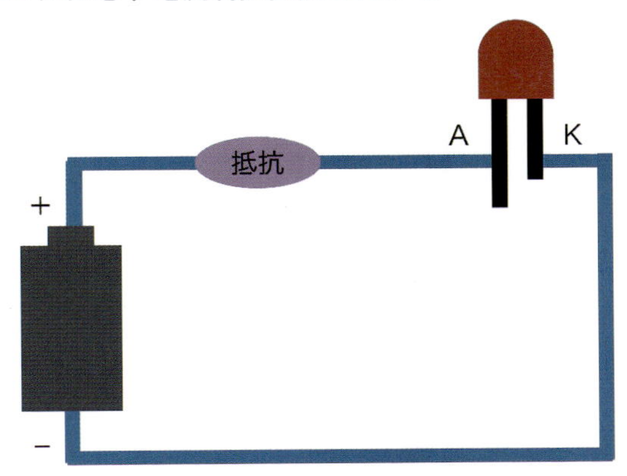

LEDに流す電流は抵抗によって制限しないとダメです。電流を制限しないで使うと必ず壊れます。それは過大な電流が流れてしまうからです。だから、抵抗を使ってLEDが安定して点灯する任意の電流を流してやる必要があります。

LEDに流す電流値

LEDにはどのくらいの電流を流せばよいのでしょうか？　これは買ってきたLEDのデータシートに書いてあるので参考にしてください。でも全部英語（中には日本語もありますが）でわからないという方、ご安心ください。私もそうでした。

データシートの読み方を簡単に説明します。[図２－１－５]は、オプトサプライという一般的なメーカーの赤色LEDのデータシートです。見るのは２箇所だけです。最大で流せる電流値 I_f と、順方向電圧降下 V_f だけです。これさえ知っていればどんなLEDだってへっちゃらです。

最大電流はその値を超えて電流を流すとLEDが壊れる最大定格なので、その値より小さい電流をLEDに流すことになります。だいたい5mA～15mA程度がLEDに流す電流値として十分な値です。ライトなど光量が欲しい場合は最大定格付近まで流しても大丈夫ですが、経験上長時間高電流を流し続けると熱で徐々にLEDの光量は落ちていきます。

LEDの順方向電圧は、赤、緑、黄色のLEDで2V程度、青色と白色LEDは少し高い3V程度と、覚えておいてください。

図2－1－5　オプトサプライのデータシート

■Absolute Maximum Rating　(Ta=25℃)

Item	Symbol	Value	Unit
DC Forward Current	I_F	30	mA
Pulse Forward Current*	I_{FP}	100	mA
Reverse Voltage	V_R	5	V
Power Dissipation	P_D	72	mW
Operating Temperature	Topr	-30 ~ +85	℃
Storage Temperature	Tstg	-40~ +100	℃
Lead Soldering Temperature	Tsol	260℃/5sec	-

*Pulse width Max.10ms　Duty ratio max 1/10

▪Electrical -Optical Characteristics　(Ta=25℃)

Item	Symbol	Condition	Min.	Typ.	Max.	Unit
DC Forward Voltage	V_F	I_F=20mA	1.8	2.0	2.5	V
DC Reverse Current	I_R	V_R=5V	-	-	10	μA
Domi. Wavelength	λ_D	I_F=20mA	635	640	645	nm
Luminous Intensity	Iv	I_F=20mA	-	1200	-	mcd
50% Power Angle	$2\theta_{1/2}$	I_F=20mA	-	15	-	deg

電流を決める抵抗値の求め方

［図2－1－6］を見てください。LEDに流す電流値を10mA、赤色LEDの電源電圧を5Vとしたときの電流制限抵抗の値を求めてみましょう。

電流制限抵抗の値は、次の式によって計算します。

電流制限抵抗値（Ω）＝
（電源電圧（V）－ LED順方向降下電圧（V））÷ LEDに流したい電流値（A）

例題の［図2－1－6］をこの式にあてはめると、抵抗値は（5V－2V）÷0.01A＝300Ωとなります。簡単ですよね。

図2－1－6 **抵抗値算出の例**

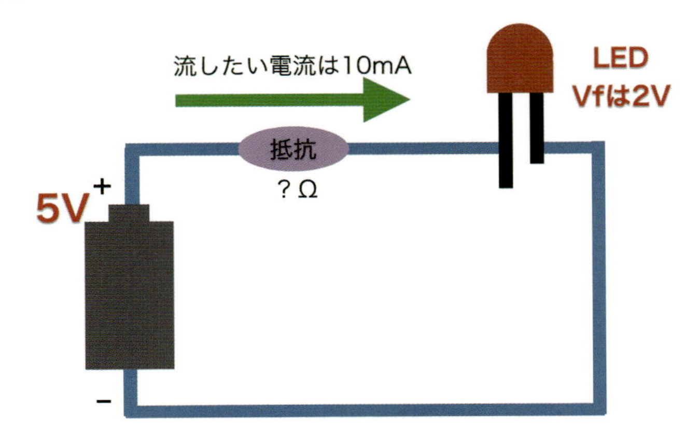

USB ケーブルで LED を光らせてみる

では、早速 LED を使った工作にチャレンジしてみましょう。

材料

白色 LED：どんなものでもよいですが、最初なので、安価で照射角度が広いものをおすすめします（この例では秋月電子で買った OSW 5 DK5111A という白色 LED を使用しました）。必要数

抵抗：200Ωのカーボン抵抗　必要数

電源：USB ケーブル　1 本（100円ショップで購入）

配材：ブレッドボード　1 台

工作スタート

簡単に工作を行うために、ブレッドボードを使います。ブレッドボードは部品を基板にはんだ付けすることなく、穴に部品を刺すだけで電子回路を作成することができる便利な道具の 1 つです。

さらに電源を USB ケーブルから供給するようにしました。最近 USB は、パソコンにはじまり携帯用のポータブル小型電源や携帯充電器、車のシガーソケットなどで使用できるため、どこでも使えるという利点があります。USB の内部配線は 4 本のケーブルからなり、そのうち 2 本線より 5 V の電圧が取り出せます [図 2－1－8]。パソコンの USB 端子に接続したとして、電流も最大で 500mA まで取り出せます。最高です。

図 2－1－7　ブレッドボード

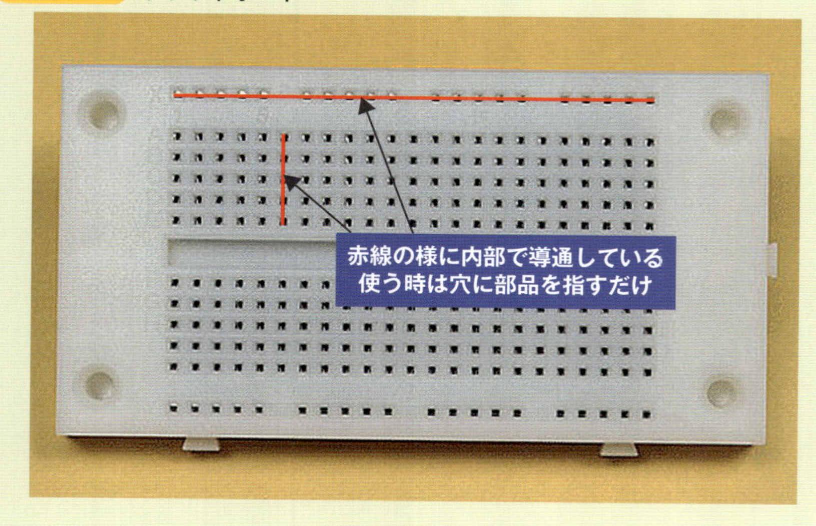

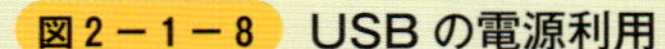

図2－1－8 USBの電源利用

1番の＋と4番の－を利用すれば
5Vの電源として利用できる

100円ショップの充電用USBケーブルには信号線がなく電源配線のみだったので、被覆を剥いでブレッドボードに配線できるように、[図2－1－9] のように加工しました。

今回使用する白色LEDの V_f は2.9～3.6Vで、最大定格電流は30mAですが、LEDに流す電流は10mAとしました。電流制限抵抗は、(電源5V)－(V_f を3V)÷0.01Aの式から算出して200Ωにしました。

実際には、[図2－1－11] のように配線します。

図2－1－9 USBケーブルの加工

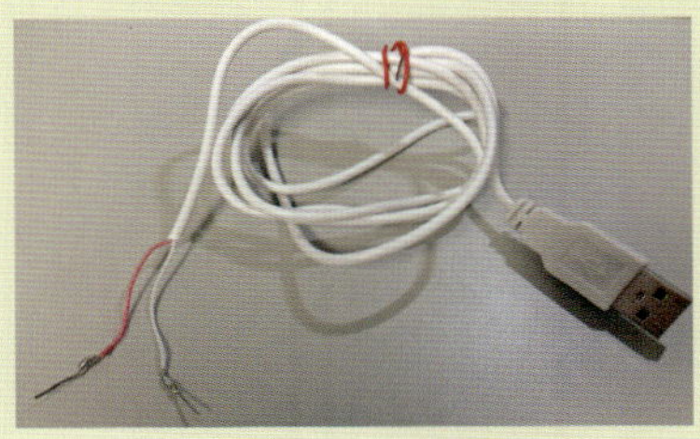

図2－1－10 回路図

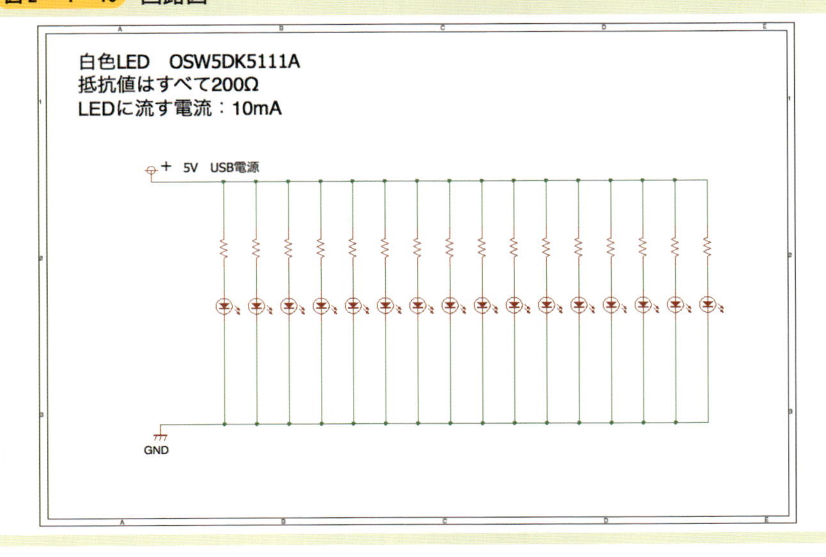

図２－１－11　配線

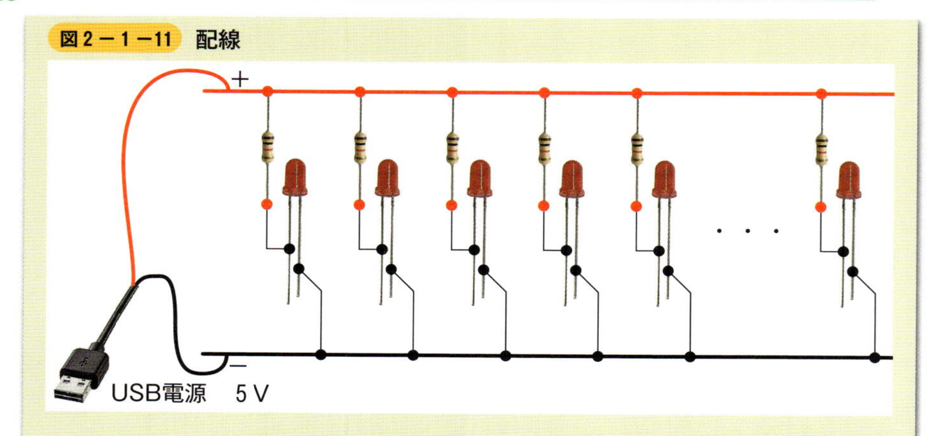

完成です！

図２－１－12　持ち運び可能 LED 装置の完成品

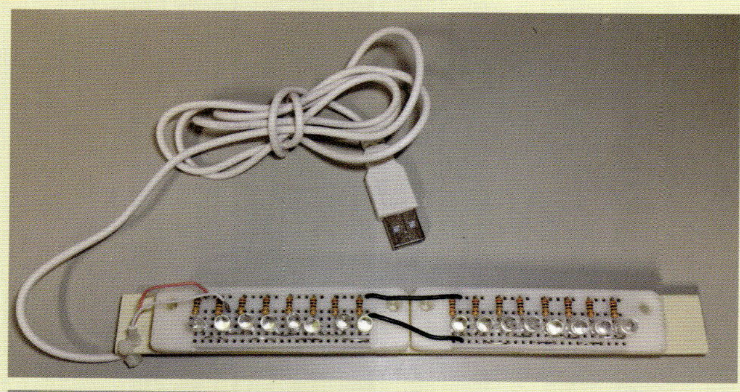

ブレッドボードなので配線が楽でした。ブレッドボードを冷蔵庫などで使われるマグネットの上に取り付けました。下が磁石なので、鉄製素材のものにならくっつけることが可能です。

色も塗っちゃいました［図２－１－13］。

図2－1－13 黒く塗装

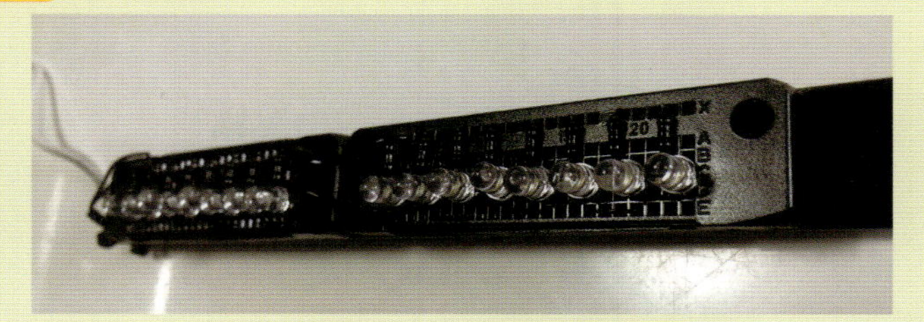

点灯させるとたった10mA 程度しか流していないのに、直視できないほどの光量で光ります。発熱もほぼありません。私の場合は、携帯用のポータブル USB 電源を電源として釣りの道具箱や工具箱の蓋に取り付けているので、夜間の作業などに大活躍です。磁石で取り付けることができて、持ち運びも簡単。結構役立ちます。

図2－1－14 すごい光量

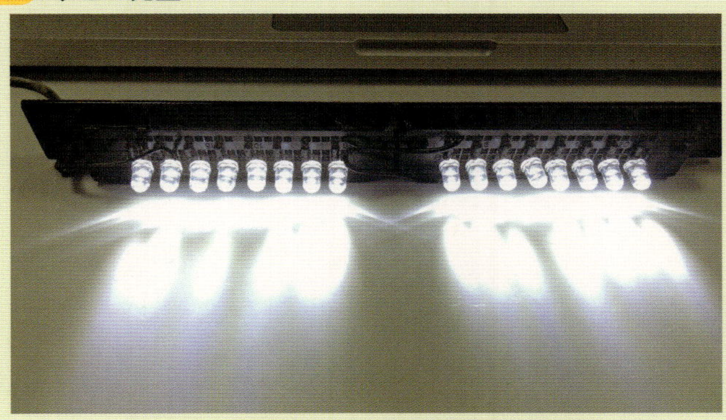

図2－1－15 真っ暗闇の中で工具箱を照らす

コラム4：配線と結線

電子工作では電気の通り道である導線の配線や結線方法も星の数ほどあります。安価で比較的簡単な方法をご紹介します。

はんだで結線＋熱収縮チューブ

基本的な結線方法では、繋ぎたい導線には予備はんだ付けを行い、絶縁には熱収縮チューブを使うのが一般的です。

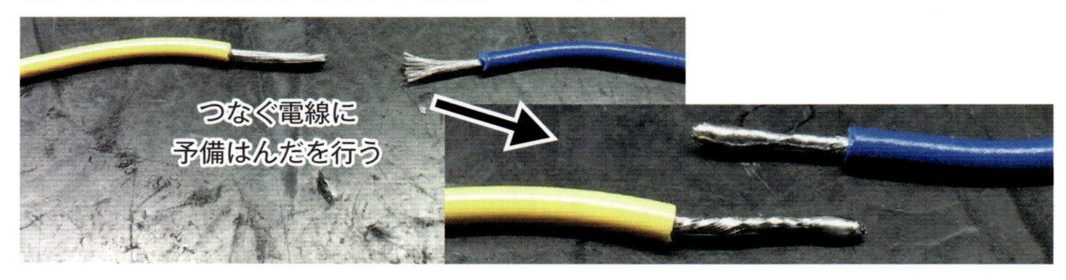

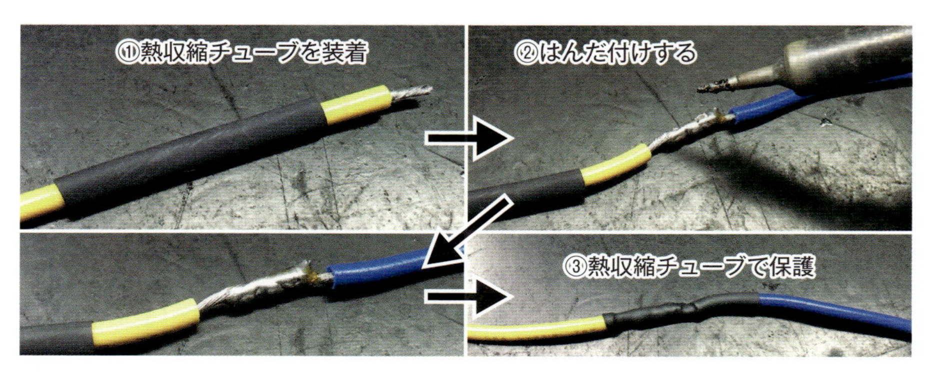

ギボシ端子

車の配線によく使用するのがこのギボシ端子です。ギボシ端子はほとんどがスケアで電線サイズの範囲を表記しています。

安価でしかも絶縁被覆もセットで付いているし、なんといっても結線をしても取り外しが可能なのがいいところです。取り付け方法も簡単です。

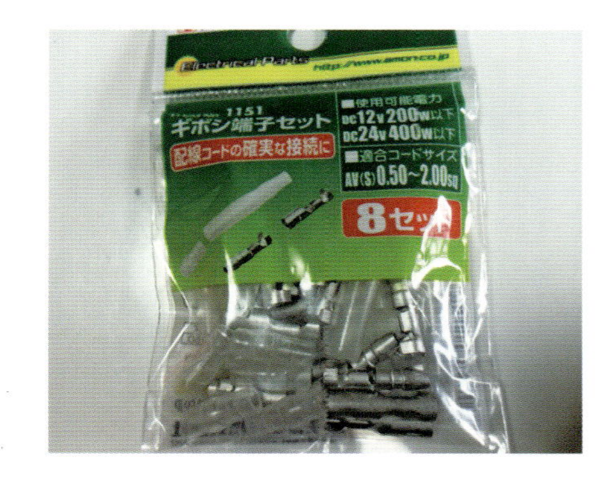

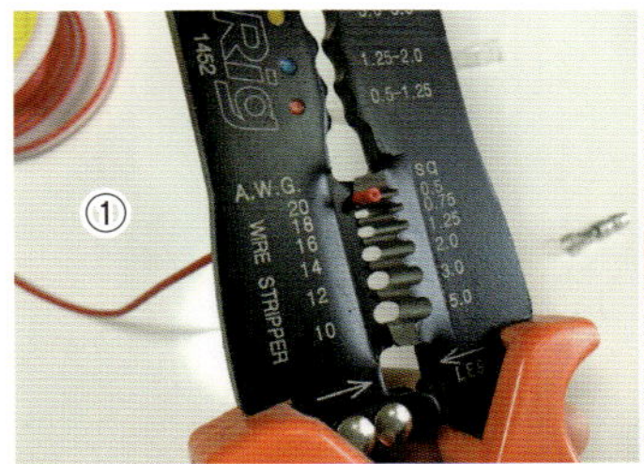

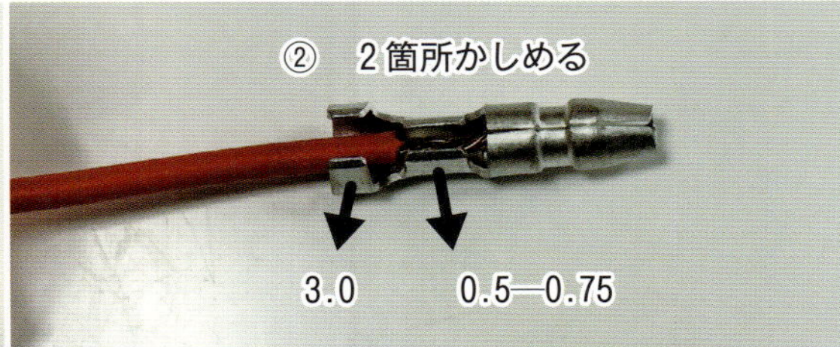

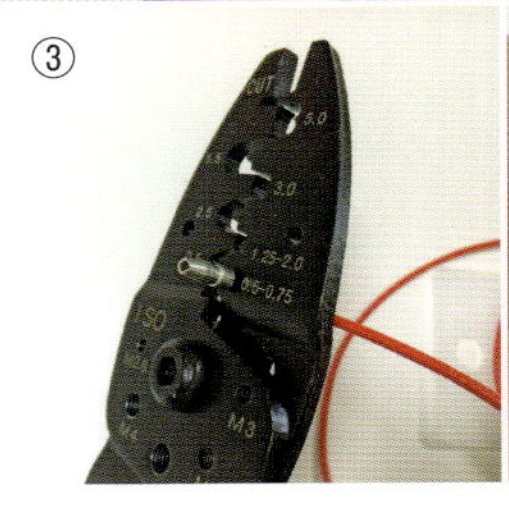

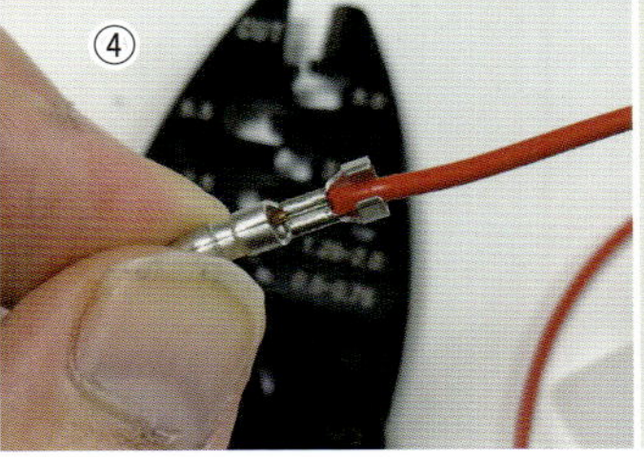

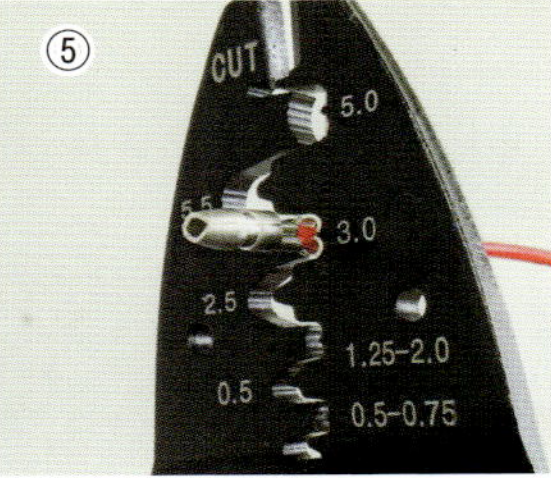

①ワイヤーストリッパーで5mm程電線を剥きます。
②ギボシに電線を挿入します。
③まずはギボシの細いところを圧着します。0.5―0.75のサイズで圧着します。
④圧着したら電線が抜けないか確認します。
⑤太いところも圧着します。サイズは3.0で圧着します。

スリーブ

家庭の屋内配線などでも使われている結線方法です。丸型や平型など形状やサイズもたくさんあります。

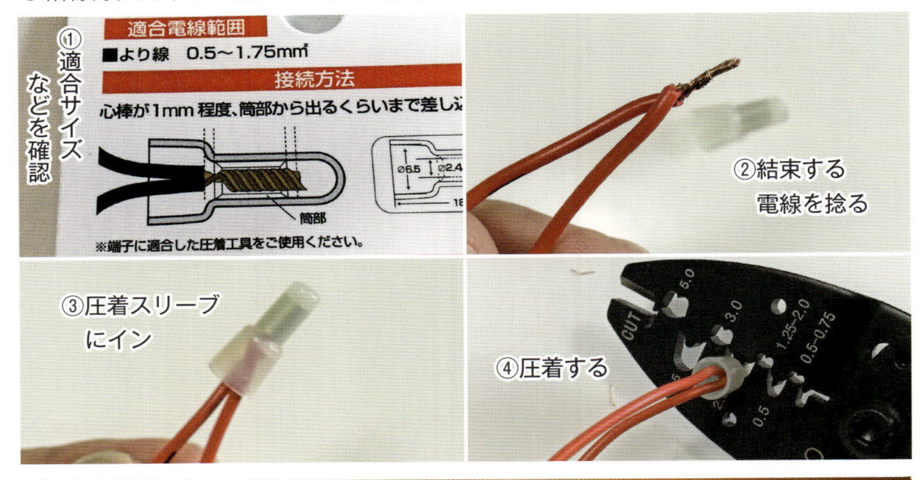

2-2 電気を一方通行にできるダイオードを使ってみる

前節で発光ダイオードを使って工作しましたが、ここではダイオードの特徴と使い方について説明し、実際に“原始ラジオ”を作成します。まずは、ダイオードとダイオードの回路記号を紹介します。

図2-2-1 ダイオード

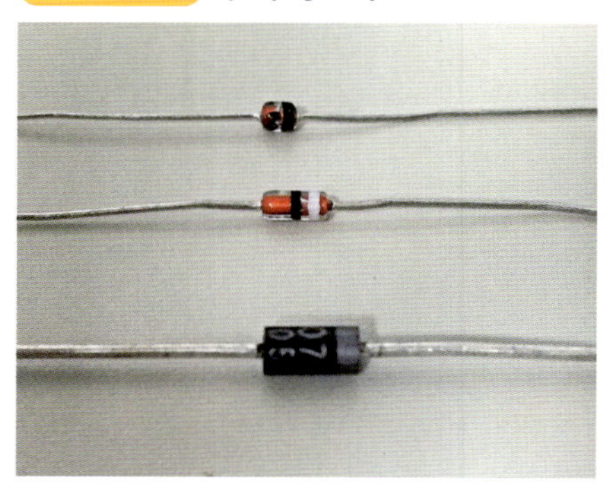

図2-2-2 ダイオードの回路図記号

ダイオードの回路記号は少しLEDと似ていますよね。それもそのはず、LEDとは親戚みたいなもので、ダイオードが光ったものがLEDなのです。

ダイオードにはいろいろな種類があります。整流用ダイオードや小信号用ダイオード、スイッチングに特化したダイオード、定電圧、定電流ダイオードにLED、フォトダイオード、バリキャップなどさまざまです。これらのダイオードはそれぞれの用途で使い分けされます。

ダイオードの特徴

ダイオードは基本的に電流を一方向に流すという特徴があります。それは一方通行にできるという意味で、反対の方向には電流を通しません。電流が流れる方向はアノードからカソードの方向で、逆には流れません。

[図2-2-4]を見てください。帯が書かれている方がカソードになります。ほとんどのダイオードには帯のような印があり、印があるほうがカソードになります。

図2－2－3 ダイオードの電流の流れ

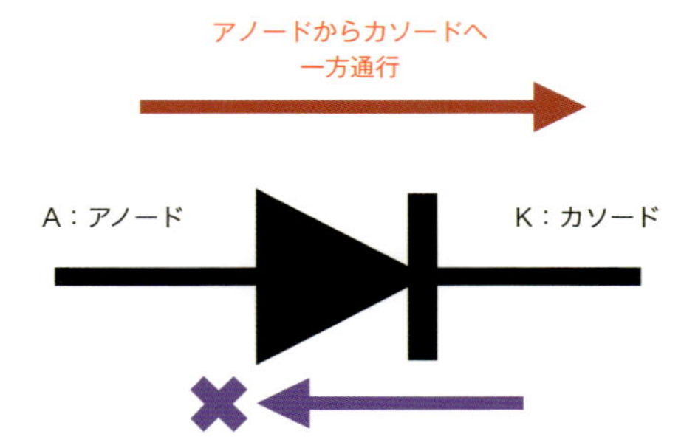

図2－2－4 ダイオードの帯印

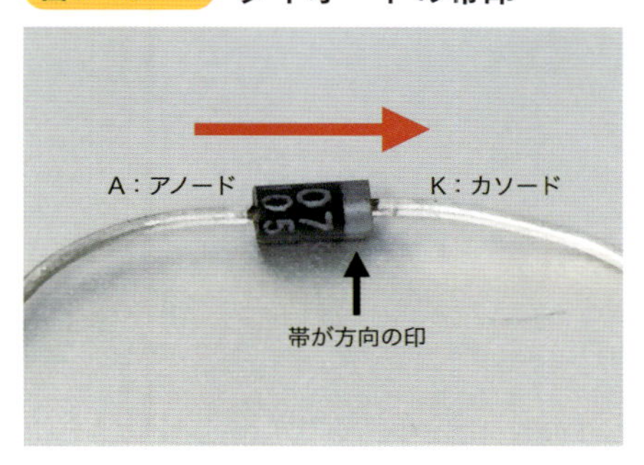

ダイオードの順方向電圧降下

ダイオードはアノードからカソードへ電圧をかければすぐさま電流が流れるわけではありません。発光ダイオードのところでも少し触れましたが、ダイオードには順方向電圧 V_f があり、ダイオードの種類によってその電圧の値はさまざまです。

一般的なシリコンダイオードの V_f は1Vから0.6V程度ですが、スイッチング特性といって順方向に電流が流れはじめる時間が極めて速いショットキーバリアダイオードなどは、V_f も低く0.5Vから0.3V程度です。検波用のゲルマニウムダイオードでは、V_f は0.3V以下といわれていますが、製品によってばらつきがあります。

ダイオードは V_f を上回る電圧をアノードとカソードにかけてあげないと電流は流れません。少し別の見方から説明すると、たとえばダイオードの特徴である一方通行を利用して電流を逆流しないような回路を作ったとします。電池の電圧は12V、そしてダイオードの電圧降下（V_f）は1Vとします。電流はアノードからカソードに流れますが、ダイオードを通った電圧は12Vから1V下がっておおよそ11Vになります。これが順方向電圧降下といわれる理由です。

ダイオードの容量

ダイオードの容量という言葉の意味ですが、これはダイオードにどれだけ電流を流せるか？　どのくらいの電圧に耐えれるか？　を合わせて、ダイオードの容量といいます。例ですが整流用の一般的なダイオードの1N4007は耐圧1000Vで1Aまでの電流を流せます。

原始ラジオを作っちゃおう

ダイオードのことがなんとなくわかったところで、理解を深めるために工作物を作ってみましょう。

今回作るのは、ショットキーバリアダイオードを使った原始ラジオです。原始ラジオはゲルマニウムラジオともいったりします。昔の人は、アンテナとコイル、可変コンデンサの3つで強めた電波を、V_fの低いゲルマニウムダイオードに通し検波するラジオを聞いていたとか。

実は現在でも同様の原理で、電池などを用いずにAMラジオを聞くことができます。もちろん性能は良くありませんが、電池もつないでいないのにラジオが聞こえる不思議な現象に絶対に驚愕するはずです。なんじゃこりゃあってな具合に。

部品点数は4つと、原始ラジオを作る上でこれ以上部品を減らすことができないくらいシンプルな作りです。

ラジオの心臓 ダイオード

ゲルマニウムラジオに使用できるダイオードには、1N60や1SS108がありますが、最近入手が困難になっています。秋月電子には1N60がかろうじてありましたが、無くなればいつ入荷するかわかりません。1SS108に関してはRPEパーツ（http://rpe-parts.co.jp/shop/113_1743.html）というオンラインショップで1本50円でまだ販売されています。

なお、後ほど1N60や1SS108の他にまだ流通していて、秋月電子でも購入可能なダイオードを使って受信できるか試します。

材料

ダイオード：1SS108（他にSD103A、1S1585、BAT43、1SS277、1SS270Aでも試します）多くの種類がありますが、V_fが0.5V以下で接点容量が低いもの（数pF）が使えます。基本的に小信号や検波用のものを用います。

コイル：PA-63A（マルツオンラインやAmazonで購入可能。380～500円）

ポリバリコン：単連バリコンで10pF～270pF程度を可変できるもの

クリスタルイヤホン：セラミックイヤホンともいいます（オンラインショップで多数取扱いがあり、300円程度）

アンテナ＆アース線：2mくらいのケーブル。アンテナとテレビの壁面端子につなぐと受信感度が上がります。

配材：ブレッドボード　1台

図2－2－5　1N60（上）と1SS108（下）

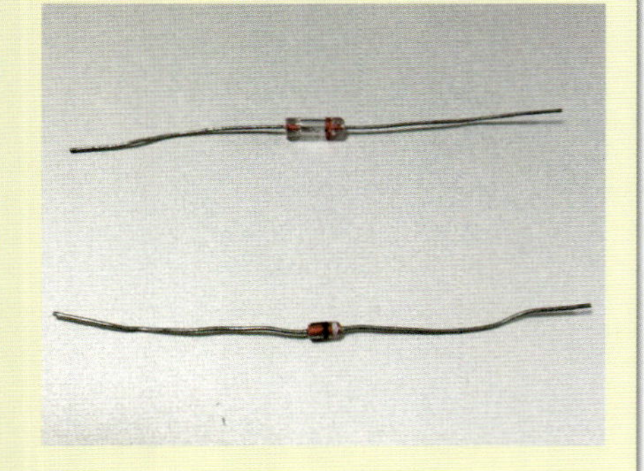

工作スタート

図2－2－6 回路図

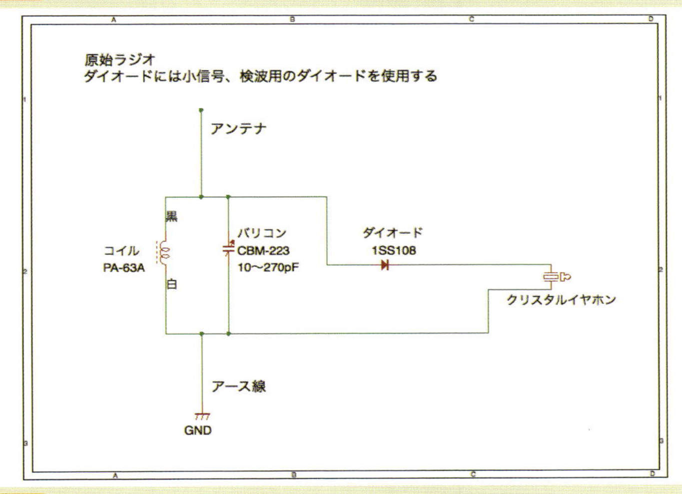

図2－2－7 配線

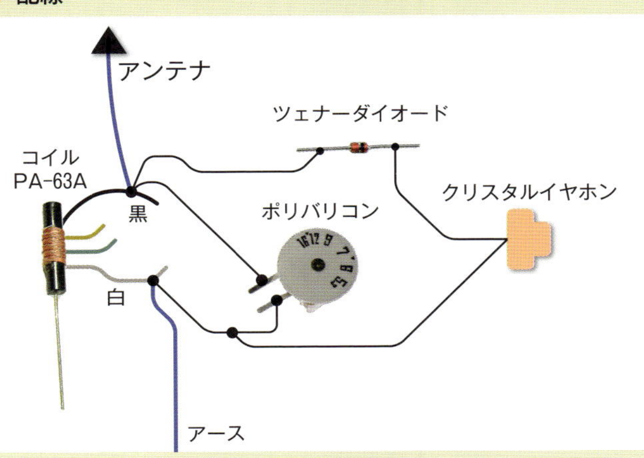

今回も簡単に配線できるブレッドボードを使います。コイルもブレッドボードに配線できるように加工しました。PA-63Aには金属の棒が取り付けてあるので、それに丸型端子を圧着ペンチで付けてブレッドボードに直接ネジで取り付けました。

図2－2－8 丸型端子

図2－2－9　電気工事用圧着ペンチ

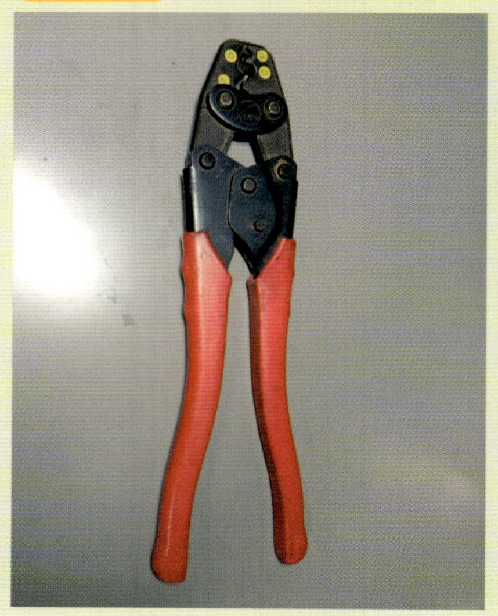

図2－2－10　汎用の圧着ペンチ

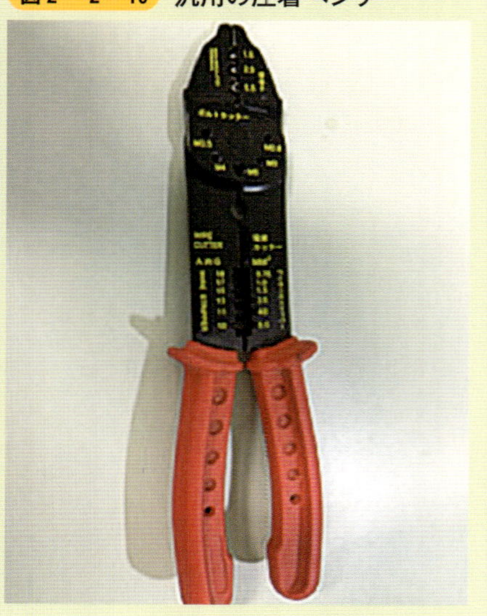

圧着ペンチの使用方法は、端子のサイズに適合した圧着部位で端子を圧着するだけです。今回は1.25の丸端子なのでその部位で圧着しています。汎用の圧着ペンチは圧着するほか、ネジをカットしたり、ワイヤーの被覆をむくことなどもできます。でも、圧着に関してはやはり電気工事用の圧着ペンチのほうが圧倒的に使いやすいです。

圧着サイズは端子に表示されています。

図2－2－11　圧着サイズの表示

図2－2－12　コイルの加工と取り付け

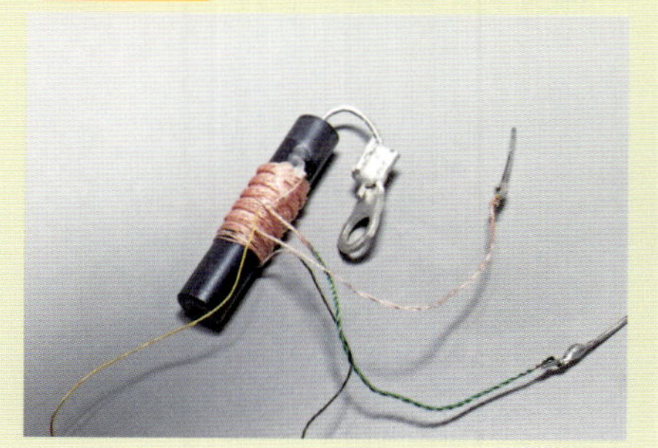

図2－2－13 ポリバリコンの取り付け

完成です！

図2－2－14 原始ラジオの完成品

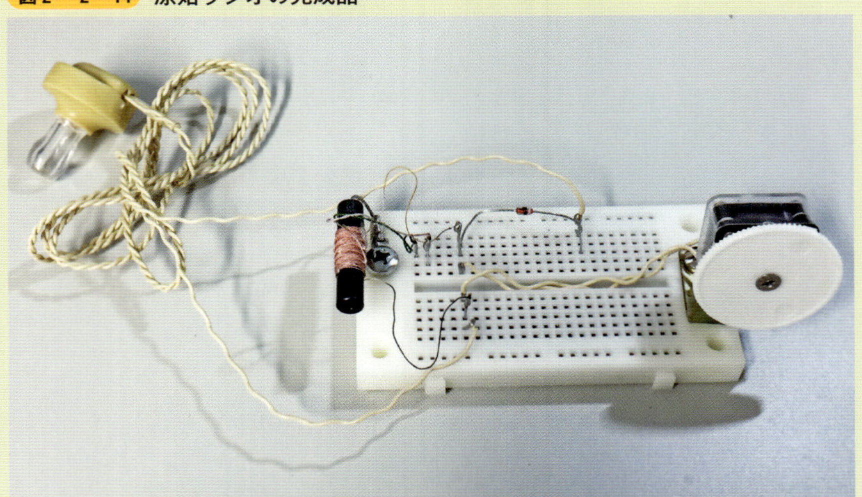

ダイオードに1SS108を利用しました。ラジオの原理はコイルと可変コンデンサであるバリコンによって同調周波数を探ります。

ラジオは番組が周波数により異なるので、アンテナとコイルで聞きたい局の周波数にチューニングを合わせます。このことを同調させるといったりします。同調させることによって、空中を飛び交っている特定の周波数の電波から多くの電流を回路に引き込むことができます。

ですので、ラジオ中継局から10kmほど離れると、この原始ラジオでは受信することが困難でした。中継局から3km圏内なら近くに高層ビルなどがない限り、かなりクリアな音質と十分な音量でAM放送が聞こえました。周波数が800kHz帯、1100kHz帯、1600kHz帯の3局を受信することに成功しました。

図2－2－15　原始ラジオを快適に受信中

受信するポイント

原始ラジオの原理は電波（正確には電磁波）のエネルギーを増幅せずに検波し、そのままセラミックイヤホンに出力するので、できる限り多くの電磁波を漏れなく受信することで感度は上がります。要はアンテナとアース線を長く張って受信感度を上げることが肝心なのです。私の場合はアース線を2mほどベランダから垂らすことで感度がアップしました。

マンションなど鉄筋に囲まれた場所にお住いの方は、室内での受信はまず困難です。どこか見通しの良い場所に移動するか、ベランダに出て鉄筋からできるだけ離してアンテナであるケーブルを垂らすなどの工夫が必要です。また、住いに近い中継局がどこなのかを把握し、その周辺に出かけていくのもかなり有効です。

セラミックイヤホンから聞こえてくる音声はかなり小さいので、聞こえないものを聞くという強い信念でバリコンを微量に動かす神業的操作が求められます。聞こえる予兆ですが、セラミックイヤホンから“ピーキュイィーン”や“ギョョォーン”などという音が聞こえたら受信できるサインです。頑張ってください。

いろいろなダイオードを試す

原始ラジオで1SS108と1N60は定番ダイオードで、今回の作成したラジオでもAMラジオ局を受信できました。しかし、先にも書いたように年々定番ダイオードは入手困難となってきているので、簡単に入手できる代替品でも試してみます。

試したショットキーバリアダイードの型番は、SD103A、1S1585、BAT43、1SS277、1SS270Aで、すべて秋月電子で購入可能です。どれもV_fは低く、接点容量も数pF程度です。

図2－2－16 上から SD103A、1S1585、BAT43、1SS277、1SS270A

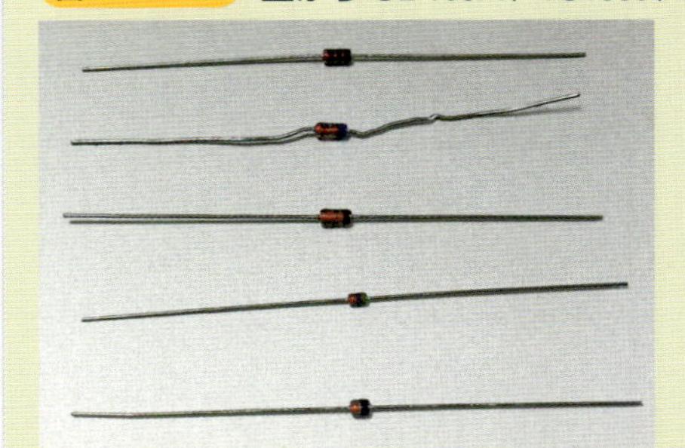

SD103A	音が歪んで音が聞こえる程度	△
1S1585	かろうじて聞こえるレベル	○
BAT43	かろうじて聞こえるレベル	○
1SS277	ビリビリ何か聞こえるかなという程度	×
1SS270A	聞こえなかった	×

まず図［2－2－7］と同様の電池無しの回路で試してみました。ラジオ受信の結果は表の通りです。やはり1SS108や1N60には遠く及ばないレベルでした。

解決策として、図［2－2－17］のようにダイオードにバイアス電圧をかけることにします。バイアス電圧をかけることで、Vf の高いダイオードでも検波が可能になります。部品をたった2つ、電池と1MΩの抵抗を追加するだけです。

図2－2－17 電池と1MΩの抵抗を追加

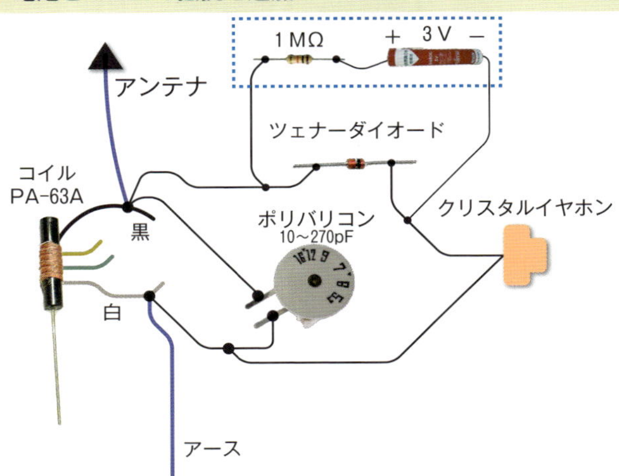

SD103A	クリアな音質で十分な音量で受信	◎
1S1585	クリアな音質で十分な音量で受信	◎
BAT43	クリアな音質で十分な音量で受信	◎
1SS277	クリアな音質で十分な音量で受信	◎
1SS270A	音声が少し歪んで聞こえる	○

バイアス電圧をかけた原始ラジオでの受信結果は左のようになりました。

すさまじくクリアで十分な音量で受信できるようになりました。なんなら、バイアスを加えたほうが1SS108や1N60よりいい感じです。信号を増幅しているわけではないのでそれなりですが、認識できる言語で音が聞こえたときには格別な達成感と感動を覚えることでしょう。

2-3 トランジスタってどう使うの？

誰でも一度は耳にしたことがある電子部品に、トランジスタがあると思います。アーティストが歌詞などにも用いるトランジスタですが、実際のところ何ができるかと聞かれると、いまひとつピンとこないでしょう。

何ができるかというと、小さな信号を増幅したり、小さな電流で大きな電流を流したり、止めたりすることができるのです。

トランジスタの種類

トランジスタには、主にPNPタイプとNPNタイプがあり、型番では2SC、2SDがNPNタイプで、2SA、2SBがPNPタイプと分けられています。中には大電流を流せるものもありますが、今回は一般によく使用する2SC1815というNPNタイプのトランジスタを使ってみましょう。

図2-3-1 トランジスタ（左から2SC4881、2SC1815GR、2SA1015GR）

図2-3-2 トランジスタの回路図記号（NPNタイプ、PNPタイプ）

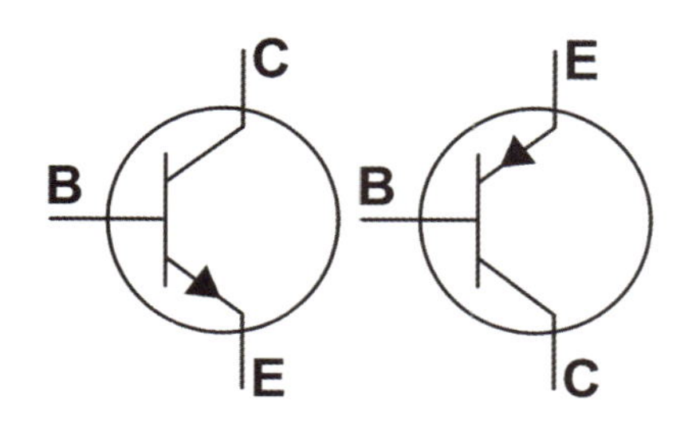

トランジスタの足

トランジスタは3本足のカワイイやつで、文字が書かれたほうを正面にして、左からE：エミッタ、C：コレクタ、B：ベースと各足に名前が付いています。足の覚え方として、ECB→「エクボ」と呼ぶ有名な覚え方があります。ちなみに、小電力用のトランジスタでは左からエクボですが、大電流を流せるタイプでは右からエクボという並びになります。

図2－3－3　トランジスタの3本の足

トランジスタの増幅とスイッチング機能

トランジスタ（2SC）の機能をザックリいうと、ベース－エミッタ間にごく小さな電流を流すと、コレクタ－エミッタ間に大きな電流が流れます。ベース－エミッタ間の小さな電流変動が、大きな電流の変化としてコレクタ－エミッタ間に現れるので、トランジスタが小さな信号を増幅するといわれるのです。ちなみに増幅するといっても、1Vを100Vにするというのは無理です。

トランジスタに供給している電圧をバイアス電圧といい、増幅した信号はそのバイアス電圧を超えることはありえません。

スイッチング動作も同様で、小さな電流で大きな電流を流せることを利用しています。

［図2－3－4］、［図2－3－5］のように、とても小さな電流で回路をON／OFFできるので、各種センサーにつなげて微小な出力で大きな機器を稼働させることができます。これをスイッチング機能といいます。

図2－3－4　わずかなベース電流を流す➡コレクタ電流が流れ回路ON

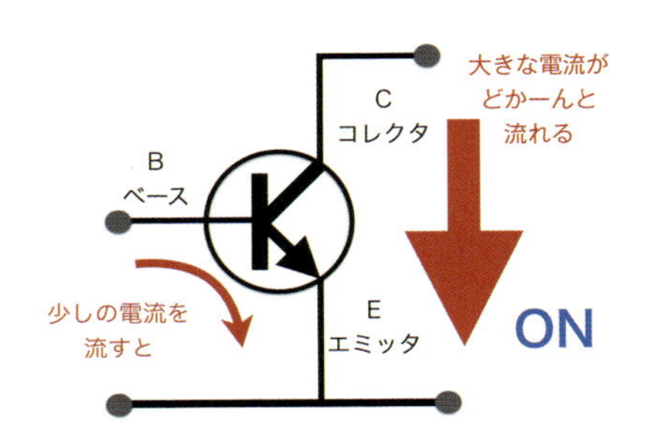

図2－3－5　わずかなベース電流を切る➡コレクタ電流が止まり回路OFF

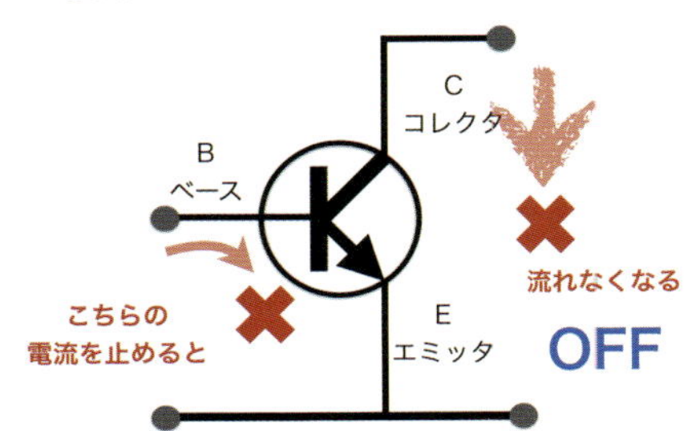

ベース電流の制限抵抗

ベース－エミッタ間に電流を流しますが、ある程度電流を制限させないと、トランジスタを不安定にさせたり、トランジスタが壊れたりするので、ベース－エミッタ間の電流をコレクタ－エミッタ間に流したい電流値から逆算して決めます。

トランジスタの動作電圧や定格電圧、コレクタ－エミッタ間に流せる電流値はトランジスタのデータシートを見れば知ることができます。例えばコレクタ－エミッタ間に50mA 流したいとします。次にベース電流を決めますが、このコレクタ電流を50mA 流すにはどのくらいのベース電流が必要かを考えます。増幅率（hFE）は各種トランジスタで違いますが、2SC1815の場合は hFE を100倍と考え、ベース電流は50mA の100分 の 1 の0.05mA で いいことになります。

図2－3－6　制限抵抗算出の例題

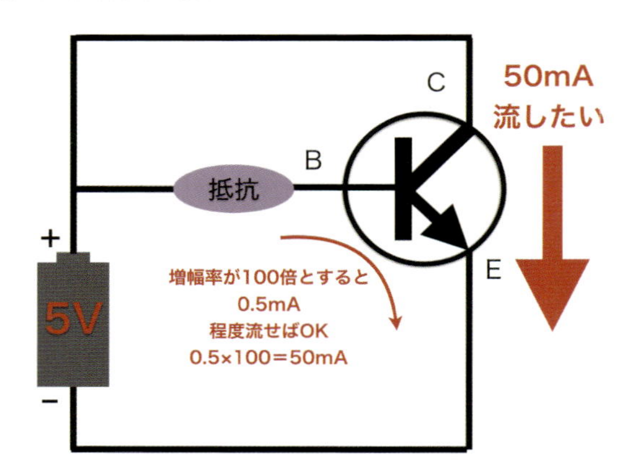

バイアス電圧を 5 V とした場合のベースの制限抵抗を計算してみましょう。制限抵抗は以下の式で求めます。

制限抵抗 R（Ω）＝
（入力電圧－トランジスタの動作電圧（だいたい0.65V））
÷流したいベース電流（A）

この式にあてはめて制限抵抗を計算すると、（5 －0.65）÷0.00005＝87000Ωで、8.7kΩとなります。しかし、確実にコレクタ電流を50mA 以上流したいので、計算値を半分にした値の抵抗を使います。なので、ここでは 4 k

とか5kΩを使うのがベストと思われます。

ここまで説明しておいてなんですが、私の場合いつも計算することなく1kΩを付けています。それで問題ありません。いちいち計算は面倒くさいなぁという方におすすめします。

実際には［図2－3－7］ようにトランジスタを使います。センサーやオペアンプやマイコンなどからの出力をトランジスタのベースへ導き、電圧がかかったときにトランジスタがONになるという使い方です。

図2－3－7 実際のトランジスタの使い方

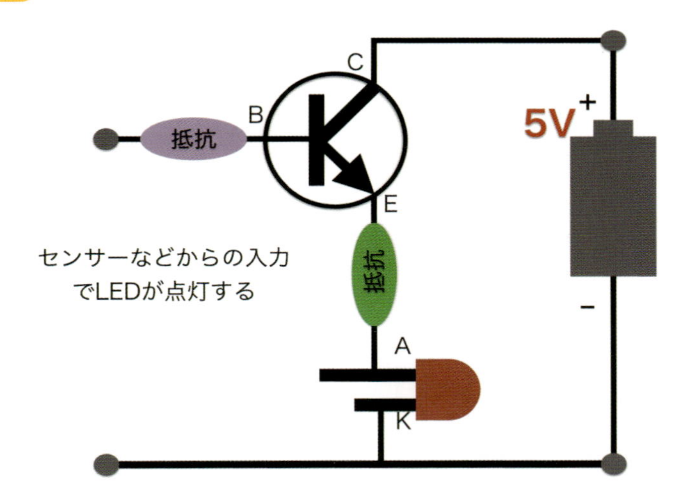

なお、トランジスタでリレーやコイルを作動させる場合は、逆電圧でトランジスタが壊れないように、ダイオードをコレクタ電流が流れる方向とは逆向きに入れて保護しなければなりません。

増幅回路でお風呂満水センサーに挑戦

トランジスタに慣れるために、初歩的な工作体験をしておきましょう。こんなに小さいトランジスタでもいろいろと面白いことができます。まずは超不思議な電流増幅です。これを活用して、お風呂が満水になったら音で知らせてくるセンサーに挑戦します。

材料

トランジスタ：2SC1815　2個
抵抗：1kΩ　2個
LED：赤色　1個
直流用のブザー：3V程度から鳴るもの（今回は電子ブザーに100円ショップで買った防犯ブザーを使用しています。100円ショップの防犯ブザーは音量が大きくお風呂センサーにぴったりです）。

電池ホルダーと電池：3V用を使用

工作スタート

指を少し濡らしてAとBを触るとブザーが鳴ります。しかも防犯ブザーなので大音量です。AとBを触るだけでなぜブザーが作動するかというと、微弱な電流がAから体を通ってBに流れ、それをトランジスタが増幅してブザーを鳴らしているのです。トランジスタ1つでは増幅率が足りないので2つに増やしています。このトランジスタのつなぎ方をダーリントン接続といい、トランジスタ2段で増幅しています。

防犯ブザーの接続は電池の端子にそのままはんだ付けし、電線を取り付けました。

図2－3－8　回路図

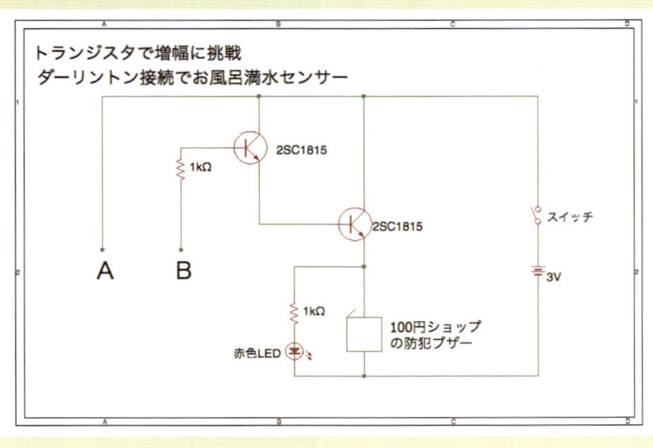

図2－3－9 配線

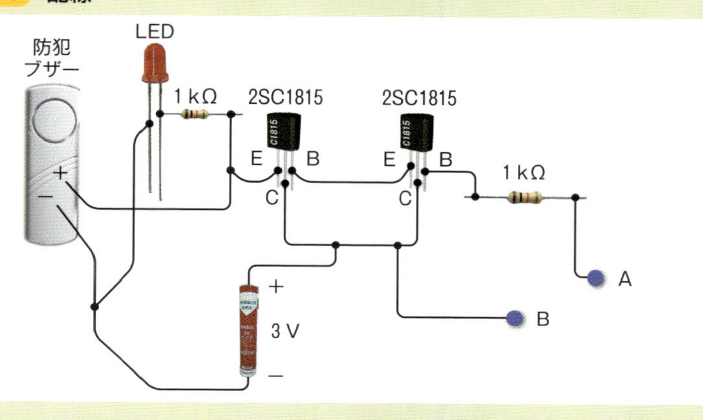

図2－3－10 ブザーの配線

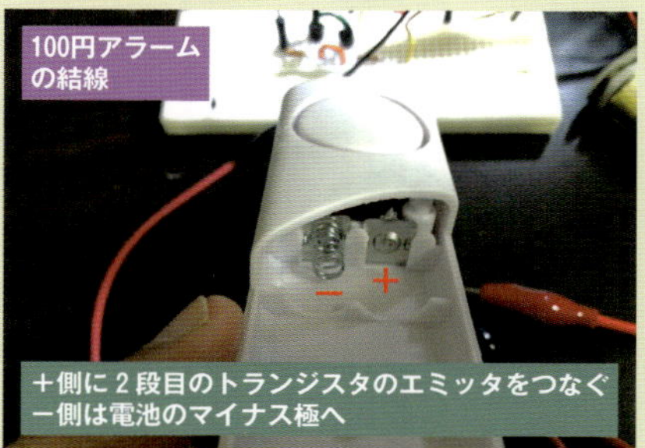

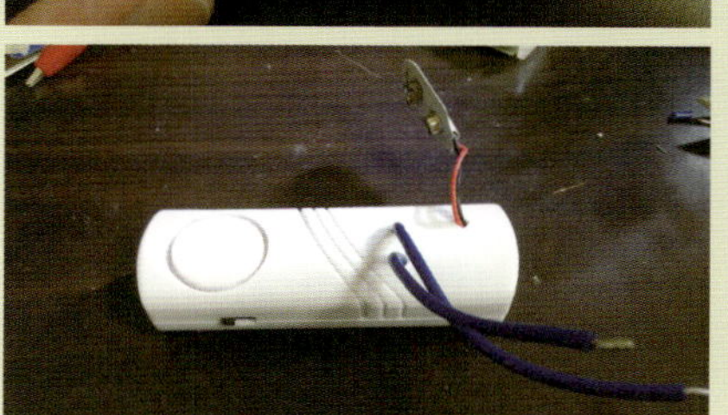

完成です！

ブザーの電池BOXの中に基盤を収めました。私はお風呂で使うので、タッパーに収納し配線をタッパーから出しています。お風呂のお湯をはり、2つの端子が水につかると、いきおい良く防犯ブザーが鳴ります。結構これが使えるやつなのです。

図2－3－11 お風呂が満水センサー

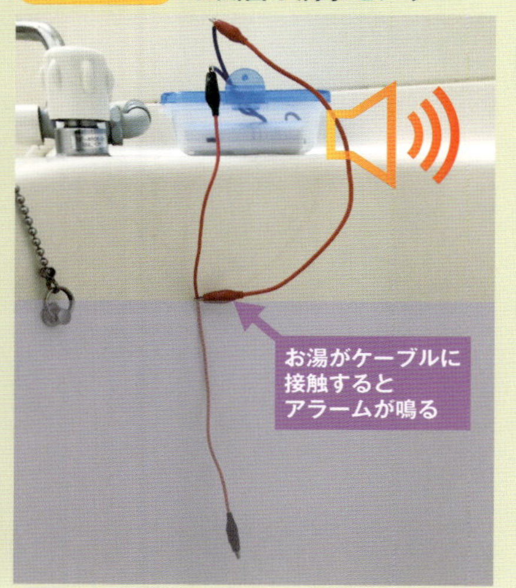

工作にチャレンジ　トランジスタで電気ビリビリマシーンを作る!!

今度は刺激的な工作です。トランジスタで高電圧発生装置を作成します。

トランジスタは増幅するだけでなく、スイッチング作用を利用して発振させることもできます。発振というのは、高速でON／OFFを繰り返すことを指します。発振させるにはいろいろな方法がありますが、有名なところでは抵抗とコンデンサで発振させる弛張発振回路やコイルで発振させるブロッキング発振などがあります。今回はブロッキング発振で安全な200V程度の高電圧を発生させてみます。

材料

トランス：今回は小型という点でST-26というトランスを使用しましたが、巻線比が大きく2次側に中間タップがでているものなら何でもOKで、秋月で売っているHP-515などの電源用トランスが使えます。

抵抗器：10kΩ　1本

トランジスタ：2SC1815（NPNタイプならなんでもOK）

スイッチ：タクトスイッチを利用

電池：少しでも高圧を出すために9Vの006P電池を利用

工作スタート

AとBにはかなりの高電圧が発生します。高電圧ですが、出力電流は人体の抵抗で限りなく小さくなり、感電することはありません。必ず電源は電池を用いてくださいね。

図2－3－12　回路図

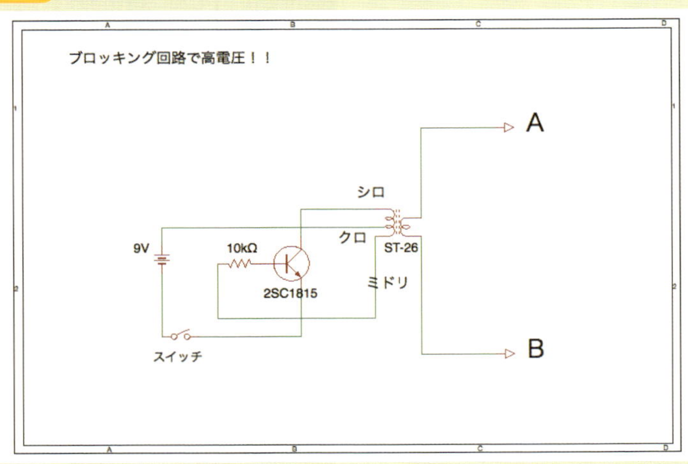

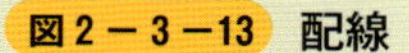
図2−3−13 配線

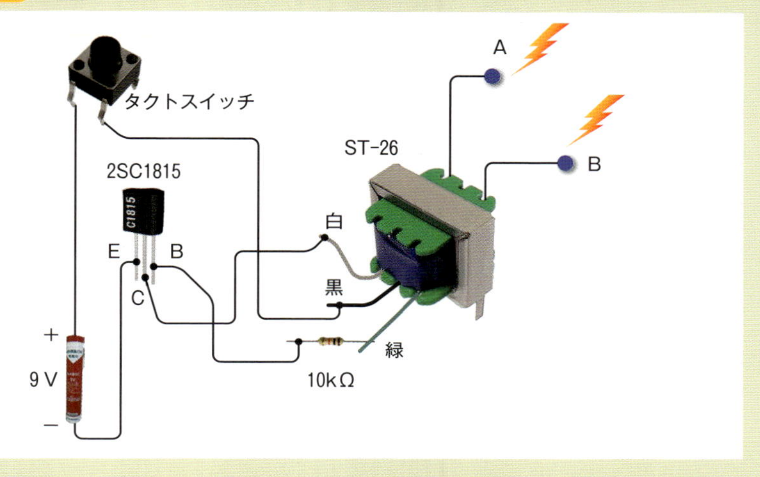

完成です！

図2−3−14 電気ビリビリマシーン

高電圧を発生させるとコイルから“キーン”という音が聞こえてきます。

タクトスイッチを押すと、AとBの間におおよそ200V程度の電圧が発生します。勇気があれば片方の手の人差し指と親指で端子を触ってみてください。目玉が飛び出るほどのショックで、マンガのようにシビれてしまうことでしょう。

意外とこの回路の応用は日常生活に溶け込んでいて、電池式の携帯充電器やカメラのフラッシュなどにはじまり、電気ショックハエ叩きにいたってはこのブロッキング回路そのものが使われていたりします。

2－4 オペアンプは面白い

オペアンプってなんでしょう？　日本語では演算増幅器といって、昔はこのオペアンプというパーツを使って積分や微分、加算などの演算処理をアナログ的に行っていました。今日では、そのような演算処理にはほぼ使用されず、高周波や低周波のフィルタや単純に信号を増幅するのに使用したり、また電圧を比べたりと便利な使われ方をします。

オペアンプを真面目に学ぼうとすれば、血のにじむ思いで勉強しなければなりません。ですので、今回オペアンプの面白い機能である電圧比較と簡単な増幅機能に的を絞って学んでみます。むしろそのほうが実用的です。

図2－4－1　オペアンプ

図2－4－2　オペアンプの回路図記号

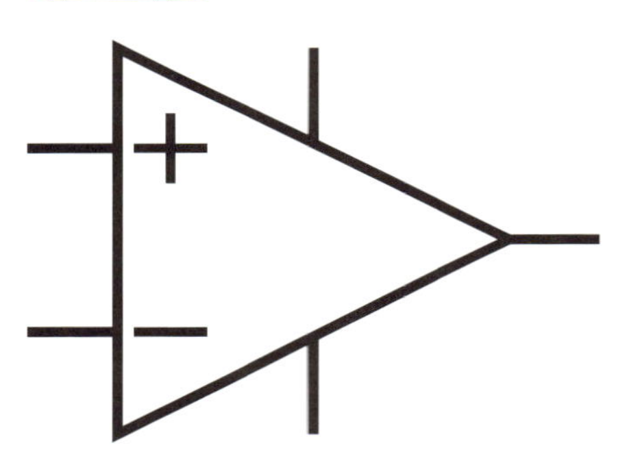

オペアンプの種類と選び方

オペアンプには大きく分けて汎用、オーディオ用、コンパレータ専用のものがあります。ちょっとした増幅回路を組んだり、電圧比較などの電子工作で使用するのには、汎用の安価のもので十分です。少し知識が増えてきたら、好みのものを買えばよいでしょう。

オペアンプの中にはレールトゥレールとかフルスイングといった言葉が出てきますが、これは出力の幅が電源電圧付近まで出力できるという意味です。通常、汎用オペアンプの出力は電源電圧より若干下がった電圧が出力されますが、フルスイングできるオペアンプなら電源電圧の一番低いところから高いところまで出力できます。

THE オペアンプ LM358N とはこれのことだ

もっともポピュラーで安価なLM358Nという汎用オペアンプを使って、オペアンプの簡単な使い方を学んでいきます。

［図2－4－3］はDINタイプのオペアンプです。オペアンプの端子には切り欠き部から反時計まわりの順で番号が振られています。他の半導体素子でも番号の振られ方は同様なので、覚えておきましょう。

［図2－4－4］はオペアンプを上から見た配線図ですが、LM358Nではオペアンプが2回路入っています。このオペアンプでさまざまなことができるのです。

図2－4－3 オペアンプの端子番号

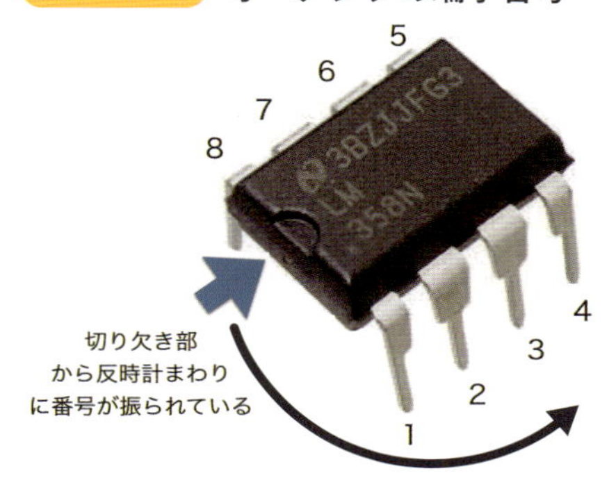

図2－4－4 オペアンプの配線図

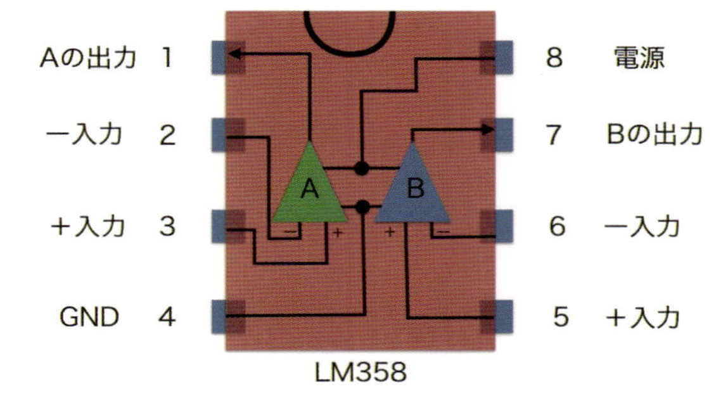

コンパレータとして電圧を比較する

便利なオペアンプの使い方として最も有名な機能の1つに、電圧を比較するコンパレータとしての使い方があります。プラス入力のほうの電圧がマイナス入力電圧より高いと、出力端子に電源電圧が出力されます。また、マイナス入力電圧がプラス入力を少しでも上回れば、不思議なことに出力は0V付近になります。

そうです。オペアンプには任意の電圧を比較し、電圧が高くなれば（低くなれば）出力をON（OFF）できるという素晴らしい特徴があります。

図2－4－5 オペアンプによる電圧比較

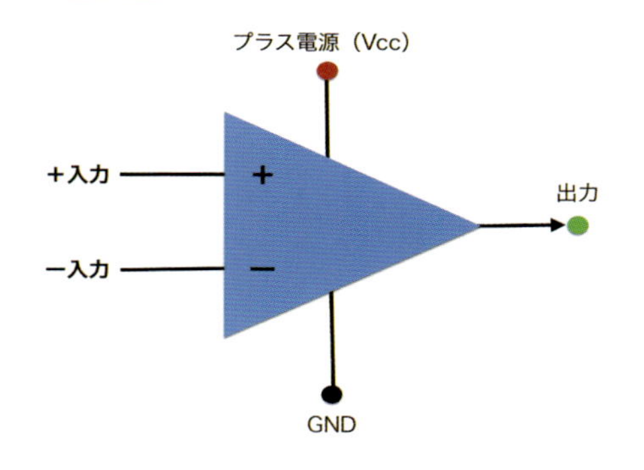

この電圧比較は結構使える機能で、例えばセンサーなどからの反応をマイコンなどに入力する際、しきい値といってある一定の電圧以上だったら入力をONにするといった使われ方をしたりします。

Part ❸で実際に工作しますが、鉛バッテリーを充電する際にオペアンプでバッテリーと基準の電圧を比較し充電電圧に達したら、充電をストップさせる、または充電を行うといった便利なものも作成できます。

オペアンプの増幅機能〜非反転増幅

トランジスタでも増幅できますが、オペアンプは増幅率を任意の値に決定できるのです。ここがトランジスタとの違いです。すごいですよね〜。この増幅率のことをゲインといったりします。

それでは、数ある増幅回路の中でも簡単な非反転増幅回路を紹介します。

入力信号をプラス入力端子に接続すると、不思議なことに抵抗の比で信号は増幅されます。しかも、非反転増幅回路は入力インピーダンスが非常に高いのが特徴です。どういうことかといえば、非常に小さい信号でも増幅可能ですよ、ということです。今はその程度の知識で十分です。

図2－4－6 非反転増幅回路

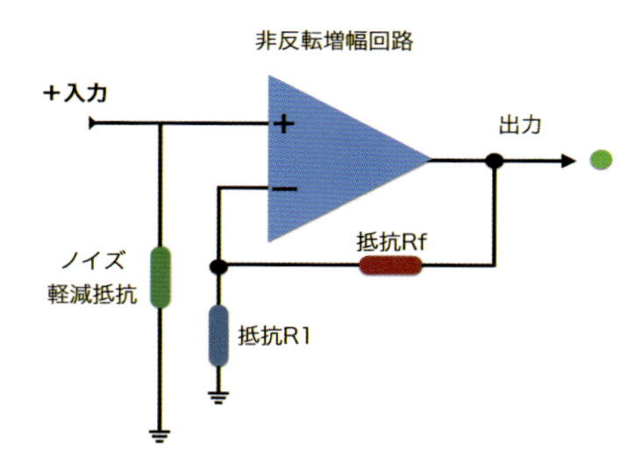

増幅率は以下の数式で計算できます。

増幅率（G）＝１＋(Rf÷R1)

簡単ですよね？　少しだけ理解したら、何か作成してみましょう。

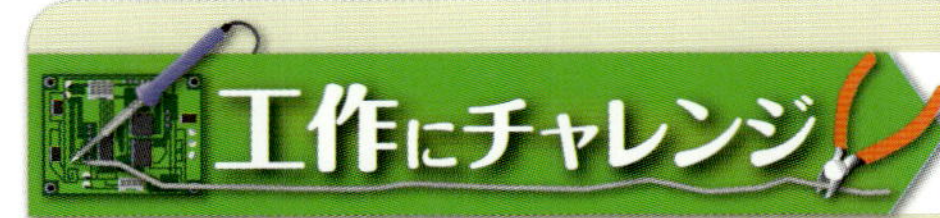

オペアンプで電波を見える化～電界強度計の作成

人間は見えそうで見えないものほど見たくなってしまう好奇心の強い生き物です（よね？）。Wi-Fi（無線LAN）の電波や携帯の電波など空中を飛び交っている電磁波も例外ではありません。というわけで、目に見えない電波を少しでも感じることができる簡易電界強度計を自作してみましょう。

この簡易電界強度計はアンテナで電波をキャッチしダイオードによって電波を検波、その信号をオペアンプによって増幅してLEDを光らせるという簡単な仕組みです。

材料

オペアンプ：LM358N
抵抗器：10kΩ（ゲインを決定） 100kΩ（ノイズ除去用） 1MΩ（ゲインを決定） 200Ω（LED電流制限用）
LED：赤色（なんでもOK）
セラミックコンデンサ：0.1μF 2個
検波用ダイオード：1SS108（他に1N60なども使用可能）
その他に**スイッチ、電池ボックス、ケース**

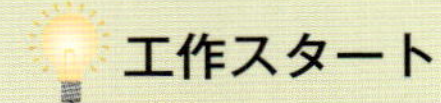

工作スタート

図2－4－7 回路図

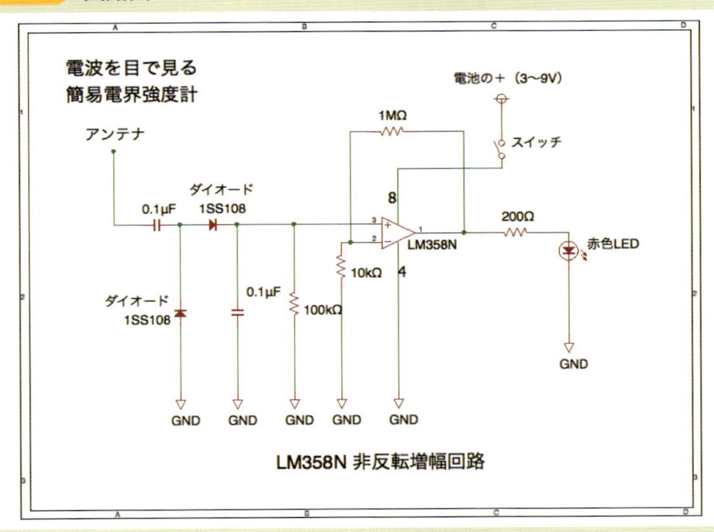

回路図にはアンテナの次にコンデンサ2つとダイオード2つがありますが、これは倍電圧回路といってできる限り信号強度を強めるために信号電位を2倍にする仕組みです。回路図の通りに組み込みます。

図2－4－8　配線

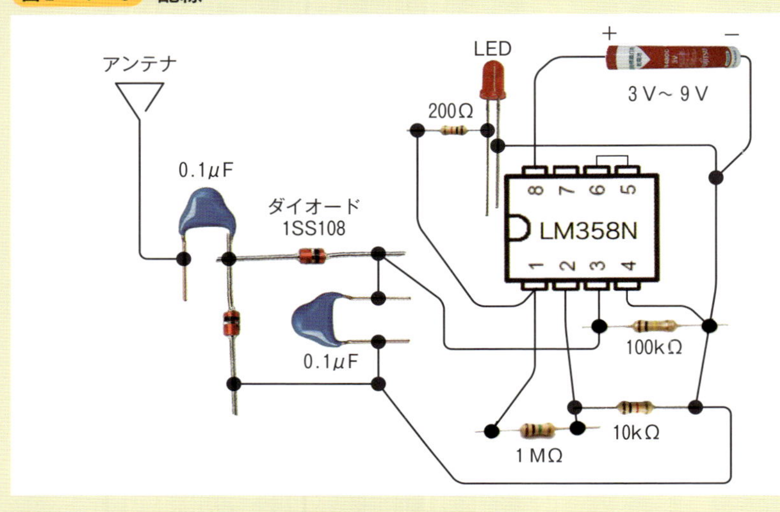

図2－4－9　コンデンサ、ダイオードの組み込み

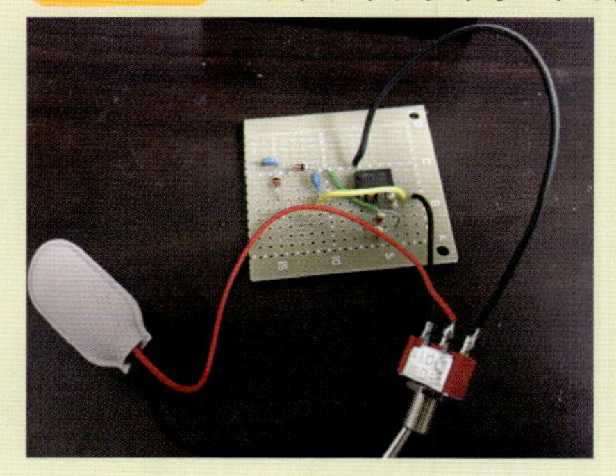

LEDの保護には熱収縮チューブを用いています。熱を加えることでチューブが縮み、裸線の保護ができます（図2－4－10）。

図2－4－10　熱収縮チューブの熱加工

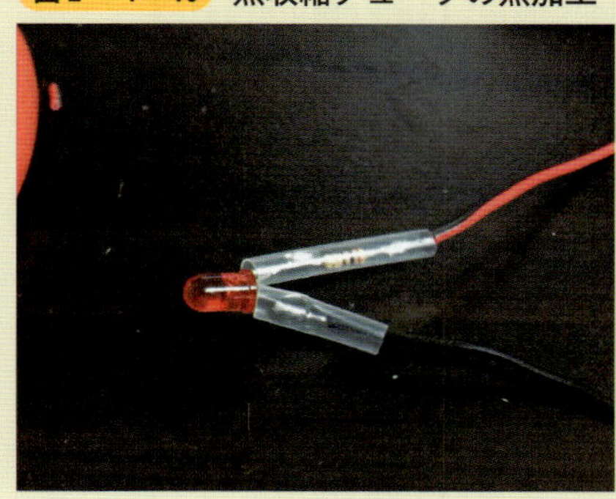

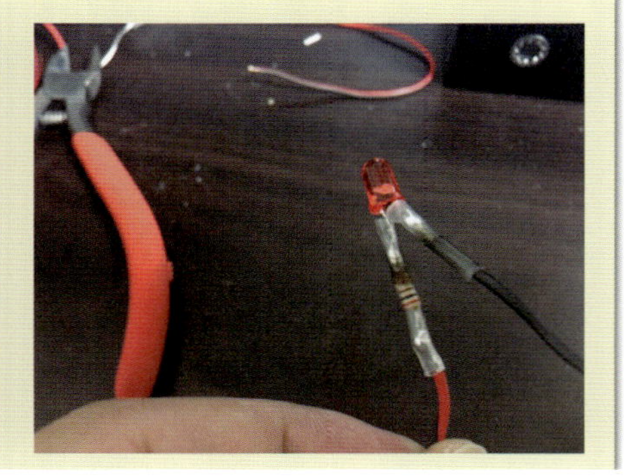

重要なアンテナ部です。アンテナは2.4GHz帯の電波を効率よくキャッチするため、1波長分の長さのケーブルをループ状にしてループアンテナとしています。波長λ＝周波数f÷光の速さなので、2.4GHz帯では12センチ程度になります。

［図2－4－11］のようなアンテナを作成しました。

あとはケースに入れます。電波視認用のLEDはケースに穴を開け内側からスポッと取り付けました。

図2－4－11　アンテナの作成

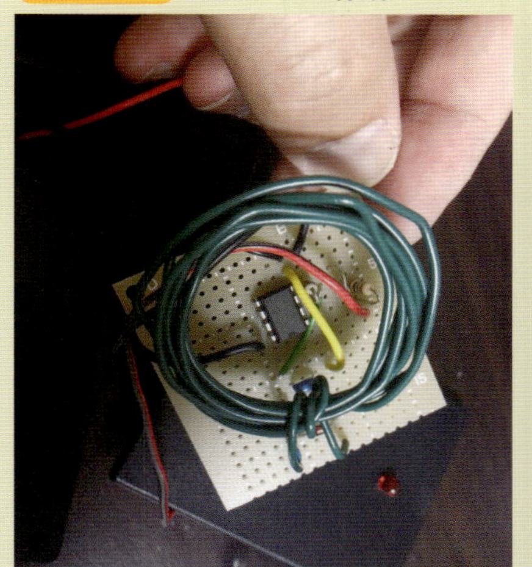

図2－4－12　LEDの取り付け

完成です！

図2－4－13　電界強度計

ケースの底面のほうにループアンテナを設置しているので、電波確認する場合は底面を測定対象に向け計測していきます。

スイッチを入れればいつでも電波測定開始です。

完成したら、ぜひ家の中にある電波を出す機器に装置を近づけてみてください。思いもよらないものから電波が、いや電磁波が出ていることに気がつきます。

私の場合ですと、携帯、冷蔵庫、無線LAN、電磁調理器などから電磁波が放出されていることがわかりました。微弱なWi-Fiの電波や携帯の電波をとらえ、LEDの点滅で確認できたのです。感度がかなり良いので、アンテナを工夫すれば盗聴器発見装置にもなりそうです。

図2－4－14 Wi-Fi電波をとらえLEDが点滅

図2－4－14は自宅の無線LANルーターから放出される電波を"視覚化"しているところです。面白いようにLEDがピカピカ光ります。Wi-Fiの電波は10mW程度でかなり微弱ですが、それでも作成した簡易電界強度計では50cm離したところから電波を捉えることができました。

このLEDを電子ブザーに切り替えても面白いかもしれません。電波が放出されている機器に近づくと"ビィ～"ってな具合に聴覚的に電波の存在を確認できます。

コラム5：オペアンプのさまざまな増幅回路

オペアンプにはさまざまな増幅回路の組み方があります。ここでは電子工作でよく利用するというか、オペアンプを学ぶ上で必ずでてくる回路について説明します。難しい教科書にも同じ回路図がでてきますし、本当にこのような使い方ができます。ぜひ試してみてください。

反転増幅回路

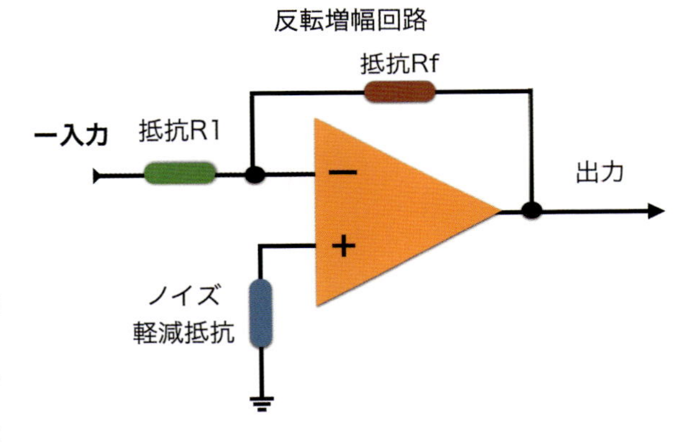

オペアンプのマイナス端子から信号を入力する増幅回路です。増幅率はR1とRfの比（増幅率＝Rf÷R1）で決定することができます。

特徴はなんと出力が反転した状態で出力されることです。一般的なオペアンプなどは2回路入りが定番なので、1つのオペアンプの増幅率を控えめにして歪みを抑え、次のオペアンプ回路で目的の増幅率まで達成させるといった使い方をします。二度反転増幅するので、信号も反転の反転で元に戻ります。

非反転増幅回路

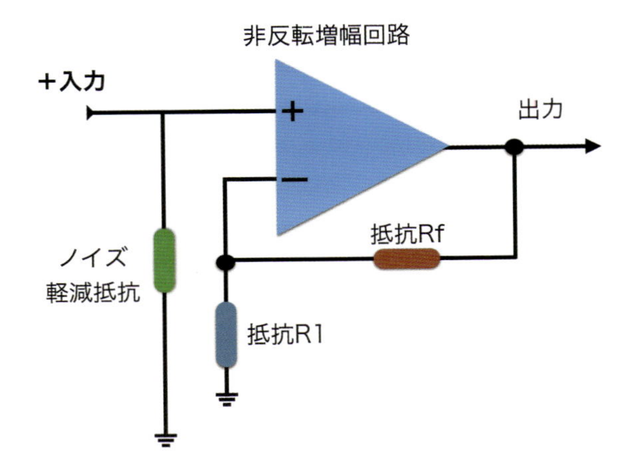

反転増幅ではなく入力信号を増幅し、反転せずに出力に出すことができる回路の組み方もあります。それが非反転増幅回路です。増幅率は次の式で求めることができます。

増幅率＝1＋Rf÷R1

ボルテージフォロワ

非反転増幅回路の抵抗をとっ払うと、なんと“ボルテージフォロア”というオペアンプ回路名になってしまいます。このボルテージフォロワですがセンサなどから何らかの入力機器に信号を渡す場合のバッファ、つまり“間”に入る橋渡し役に使用したりします。

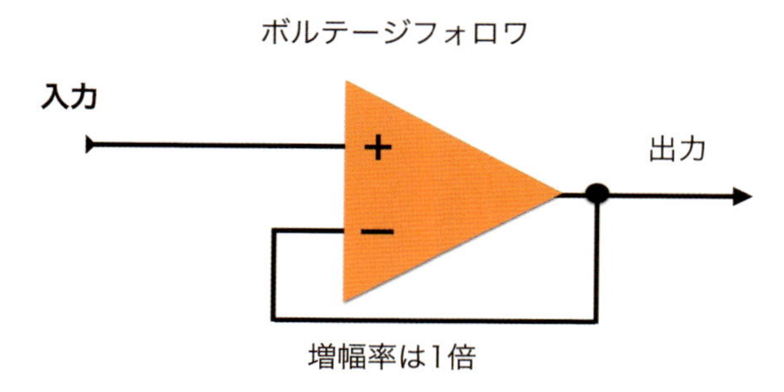

利点は入力インピーダンスを上げられる

でも、増幅率は1倍ですし、こんなもの何の役に立つの？　と思いませんか。

実は、このボルテージフォロワはかなり優秀で、センサなどからの微小な信号を計測機器などに入力する場合、計測機器のインピーダンス（要は抵抗）が低いと微小な信号がさらに小さくなってしまいます。だから、最悪な場合微小な信号は不安定になり、計測機器に入力されないなんてことになります。

しかし、ボルテージフォロワを間におくと、オペアンプの入力インピーダンスが高いので、微小な信号でもしっかり出力へ信号を伝達でき、計測機器に確実に信号を伝達できるのです。

また、センサや微小な信号をPCなどの入力端子へ出力する際に回路の分離ができ、PCの電子基板を守れます。どういうことかというと、センサとPCを直接つないでいると何らかの原因でセンサから過大な電流が流れたりして、PCがおかしくなってしまう可能性がありますが、バッファ回路を設けておけばオペアンプの故障だけで済みます。自作電子工作ではそんな荒い使い方もできてしまうのです。

Part ❸では日常生活において実用レベルで“使える電子工作”に挑戦していきます。順番通りに読み進めてもいいですし、興味のあるものから作成してみても面白いと思います。ぜひ愛着のある一品を作ってみてください。

3－1 青色LEDのかわいい電源装置

3端子レギュレータによる可変安定化電源

電子工作を進めていくうちにさまざまな回路の工作を行いますが、それに伴っていろいろな電圧値を出力する可変電源が欲しくなってきます。ちょっとした回路の実験や動作確認を行うには、ツマミで可変できる安定化電源ほどありがたいものはありません。ところが、この可変安定化電源は、買うとなると安いものでも4万円以上します。となれば、作ってしまおうというのが電子工作の醍醐味です。

3端子レギュレータは、その名の通り3つの足からなる半導体で、定電圧を作り出す専用のICです。回路も簡単で、発振防止用のコンデンサを2～4つ取り付けるだけで安定した定電圧が得られるので、ぜひ使い方を習得しましょう。

パーツリスト

部品		型番	数量	備考
3 端子レギュレータ		LM350T※	1	
ダイオード	D1、D2	1N4007※	2	100V 1 A クラスならなんでも OK
	D3	SMB1045VSS	1	逆流防止用
コンデンサ	C1 C3	0.1 μ F セラミックコンデンサ※	各 1	
	C2 C4	10 μ F 電解コンデンサ※	各 1	
1/4W 抵抗	R1	240Ω	1	
	R2	5 kΩの可変抵抗 B カーブ	1	
	R3	1 kΩ	1	
赤色 LED			1	なんでも OK
アナログ電流計		DE-550 DC1A	1	
デジタル電圧計		DE-2645	1	
ターミナル	黒	MB-124-G-B	各 1	
	赤	MB-124-G-R		
スイッチング AC アダプター 19V		AD-A190P315	1	3.15A 出力 保護機能付きならなお OK
DC ジャック		2.1mm ジャック	1	アダプターの径に合わせる
つまみ			1	ボリュームのつまみ
スイッチ		ASW-07D+S-01 (blue)	1	なんでも OK
放熱器			1	十分大きいもの
ケース		MB-3	1	なんでも OK

※秋月電子からキット販売で LM350T とコンデンサ、レギュレータ保護のダイオード付きのキットが安価に販売されています。LM338T を使った 5 A 出力できるタイプもあります。キットを利用すれば、部品を選ぶ一手間を省くことができそうです。

3端子レギュレータって何？

レギュレータには固定電圧タイプと可変できるタイプがあります。固定電圧タイプの有名なものには、型番に78XX（XX には数字が入りその数字が電圧値を表す）と刻印されている7800シリーズと低損失タイプの4800シリーズがあります。可変タイプのものには、LM317、LM350、LM338などがあり、出力電流の量、ノイズの大小で種類が異なります。

3端子レギュレータに入力する電圧は出力電圧より3V程度高い必要があります。低損失タイプ（LDO）として48XX の型番のものは損失が低いので、入力電圧は出力電圧に対して1V程度高ければ問題ありません。

また、出力と入力との電圧差と出力電流が熱となるので、たくさん電流を流す場合には大きな放熱器を付ける必要があります。実際には、IC を触ってみて触れる程度の温度かどうか確認することが重要です。入出力電圧の差（V）×流す電流（A）が熱損失（W）になるので、電位差が大きく、たくさんの電流を流すときはIC の発熱に注意が必要です。出力電圧は以下の計算で算出します。

$$V_{out} = 1.25V \times (1 + R1 \div R2)$$

工作スタート

回路図

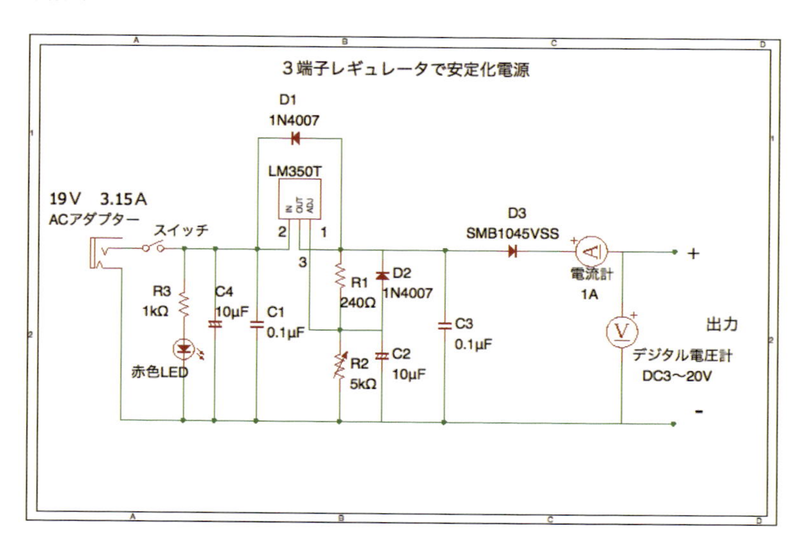

配線

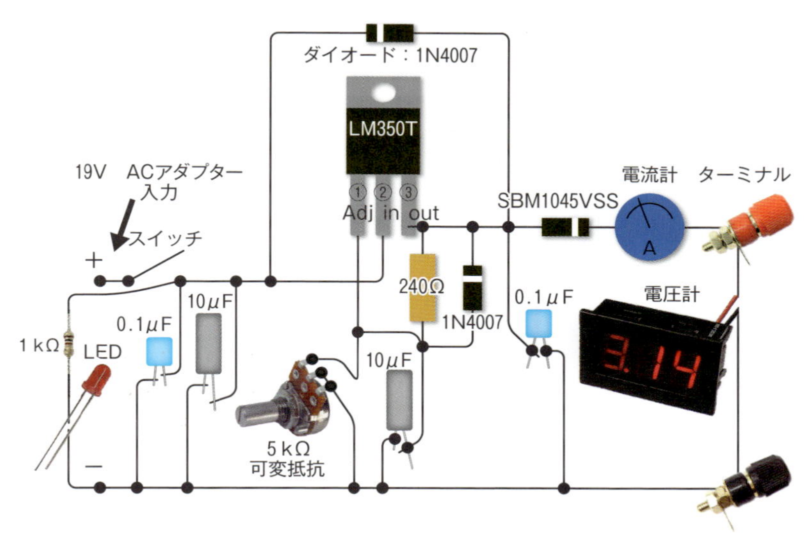

ケースの加工

ケース加工からはじめます。まず配置を考え、線を引きます。線に沿ってドリルで穴をあけ、穴と穴の間をニッパで切り取り大きな穴を開けます。開けた穴のバリをヤスリで丁寧にきれいにします。アルミケースよりはプラスチックのほうがケース加工は簡単ですが、金属ケースのほう出来上がりのかっこよさが違います。

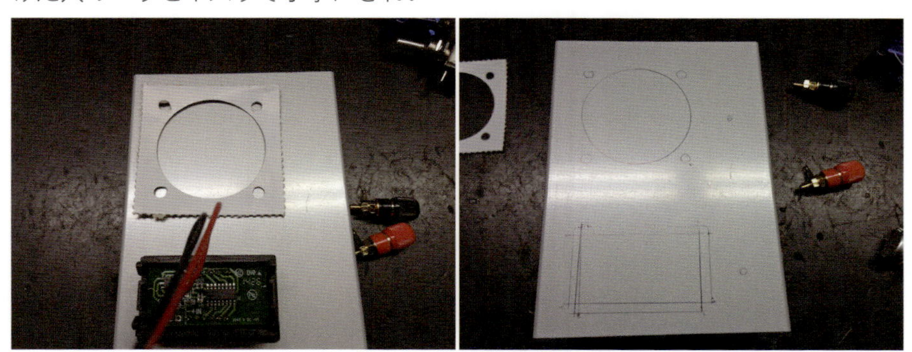

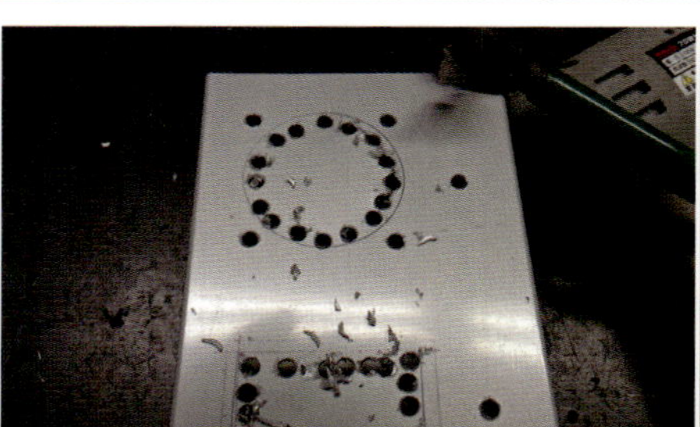

配線はビニール袋に収納

配線は回路図を何度も見ながら行いましょう。基盤は無理にケースに固定しなくても丈夫なビニール袋に入れても絶縁可能です。

放熱器はサイドに配置

放熱器は200mA までの連続使用なら30mm ×30mm 程度のサイズで問題ありませんでした。

(1) 電源

出力電圧は1.25Vから16V程度まで可変できるものを作ります。最大出力電圧は16Vなので、プラス3Vとして19V以上のACアダプタを利用しました。電源にACアダプタを使うことで、過大なリップル（ノイズ）などを防ぎ、ショートや加熱状態になったときでも保護回路が機能するという優れものです。そのため、あえてヒューズは入れていません。

(2) レギュレータの部品の決め方（抵抗値）

通常、電子工作での電流値は1Aも流すことができれば十分なので、可変レギュレータはMAXでも3A流すことのできるLM350Tを使用します。

R1の240ΩとR2の5KΩの決め方は、出力電圧をMAX16Vとすると、Vout16V＝1.25×（1＋R2÷R1）となります。R1はデータシート上では120Ωか240Ωと決まっているので、Vout16V＝1.25×（1＋X÷240）からX＝2832Ωとなり、3kΩあれば十分ということがわかりました。しかし、3kΩの可変抵抗が無かったので5kΩの可変抵抗を使いました。

(3) レギュレータの発熱

3端子レギュレータは入出力電圧差と出力電流の積が損失熱となります。放熱器を取り付けなければ、ほぼ実用にはなりません。実際には放熱器は大きめのものを選び、さらにレギュレータの発熱状況を自分の指で確認することをおすすめします。触れられないほど熱くなる場合は放熱を大きなものに変更しなければなりません。

また、今回のようにケースを介してヒートシンクに密着させる場合は、絶縁シートでレギュレータとケースを絶縁しましょう。なぜならLM350Tの止め穴部分はOUTと導通しているからです。

固定のためのネジもプラスチックのものを選びましょう。

3-2 実用的で便利なDIYの王道

ソーラー発電によるポータブル電源

電気エネルギーを自ら作り出し、それを貯めて必要時に使うシステムを、世間ではソーラー自家発電などといったりします。太陽の光から電気を作りだすのでタダで電気を使える夢のシステムといえます。

電子工作におけるDIYといえばソーラー発電といっても過言ではなく、楽しく作れて、実用的で便利な工作物の1つです。使い道に関しても容量5Ah（20時間率）程度のバッテリーに充電すればコンパクトな割に何日でも携帯を充電できる“電源”になったり、ソーラーパワーで永遠とラジオを流せる用途不明なものを作ったり、さらにはバッテリーにインバーターを取り付ければ家電も動かせるキャンプで大活躍なポータブル電源に利用できたりと、とても重宝します。

今回は大掛かりなシステムではな

く、日曜大工的にすぐに作成できるという点に力点をおきました。

自作するのは、充放電コントローラを含めた小規模自家発電システムです。

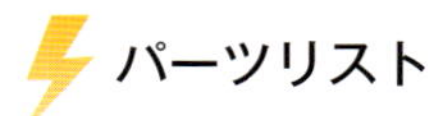

パーツリスト

部品	型番	数量	備考
オペアンプ	LM358N	1	2回路入り
ソーラーパネル	5W-SY-MW-12	1	5W出力
レギュレーター	TL431（NJM431）	1	高精度の基準電圧を作る
1/4W抵抗 R1	4.7kΩ	1	TL431用
R2 R4	120Ω～1kΩ	2	ヒステリシスに使用
R3 R5 R6 R7	1kΩ	4	LEDとトランジスタ用
VR1 VR2	50kΩ可変抵抗	2	コンパレータ用
トランジスタ Tr1 Tr2	2SC1815	2	リレーをドライブする
コンデンサ C1 C2	100μF～470μF セラミックコンデンサ	2	ヒステリシスに使用
ダイオード D1 D2	1N4007	2	トランジスタ保護のため ソーラーパネルへの逆流防止用。ショットキーバリアダイオードで V_f が低いものを使用
D3	SBM1045VSS	1	
バッテリー	5Ah 12V	1	メンテナンスフリーシール型鉛バッテリー
12V メカニカルリレー		2	12V仕様 2A程度流れるもの
ケース			なんでもOK

※ R2、R4の抵抗とC1、C2のコンデンサでヒステリシスを持たせています（→p.72）。各素子の値は調節してみてください。

R×Cの値が大きくなる → ヒステリシス大

R×Cの値が小さい → ヒステリシス小

過充電と過放電

ソーラーパネルは5W程度の小さな物を利用します。バッテリーはメンテナンスがいらないメンテナンスフリーのシール鉛バッテリーを利用しますが、そもそも鉛充電池は充電し過ぎの“過充電”や電気を使い過ぎの“過放電”にとてつもなく弱いのです。

ですので、ソーラーパネルからの充電と負荷（貯めた電気を消費するもの）の放電をいい感じにコントロールするコントローラを作成します。イメージ的には図のようになります。

ソーラーパネルのイメージ

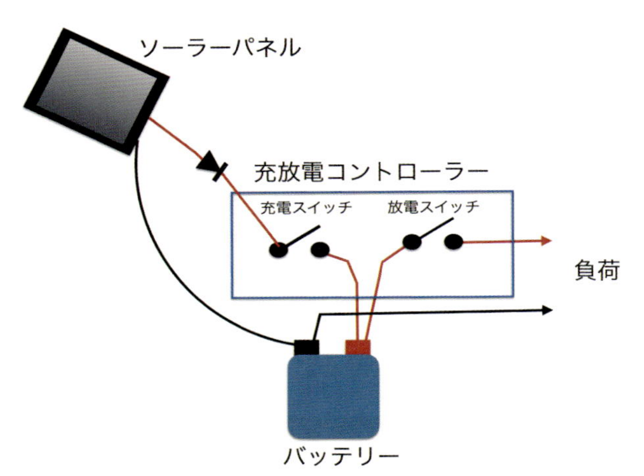

図の枠で囲んである充放電コントローラを、オペアンプのコンパレータ機能で自動的に次の表のように制御します。

・過充電にならないような充電制御		
バッテリーの電圧が14V以上	➡	充電スイッチoff
バッテリーの電圧が14V未満	➡	充電スイッチon
・過放電にならないような放電制御		
バッテリーの電圧が12.5V以上	➡	放電スイッチon
バッテリーの電圧が12.5V未満	➡	放電スイッチoff

電圧を比較するコンパレータ

2－4節で説明した通り、オペアンプの使い方にはコンパレータといわれる電圧を比較する方法があります。しかもLM358Nにはアンプが2個あるので、LM358N 1つだけで過放電・充放電コントローラができてしまいます。

バッテリーの電圧は充放電の状況によって変動します。充電を続ければ電圧は上昇し、放電を続ければ電圧は下降するのです。その刻一刻と変動する電圧を基準の電圧と比較して、バッテリーの電圧が14V以上と過充電気味となれば、ソーラーパネルからの充電をストップし、12.5V以下となれば負荷につないだラインを切り離し、それ以上放電しないようにするといった最もシンプルな構造になります。

工作スタート

回路図

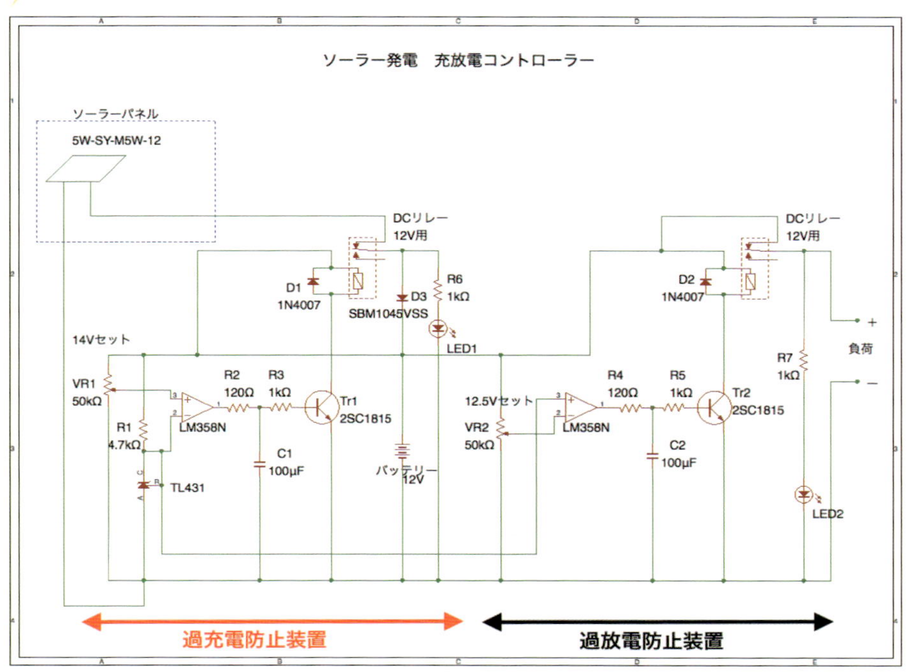

過充電防止装置の配線

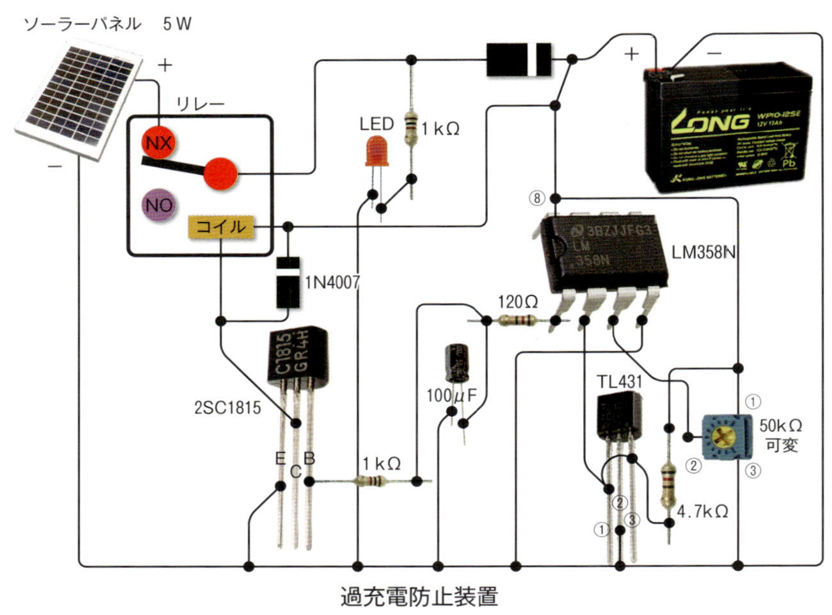

過充電防止装置

過放電防止装置の配線

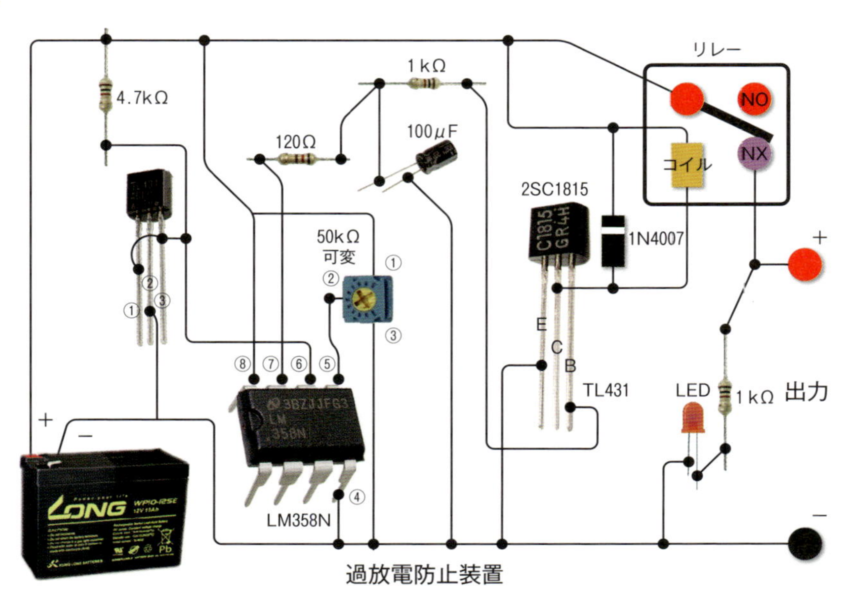

過放電防止装置

ブレッドボード基盤に回路を組む

今回はブレッドボードでテストしたので、実際に基盤にはんだ付けするときもブレッドボードと同じように配置にできる便利なブレッドボード基盤で回路組みを行いました。

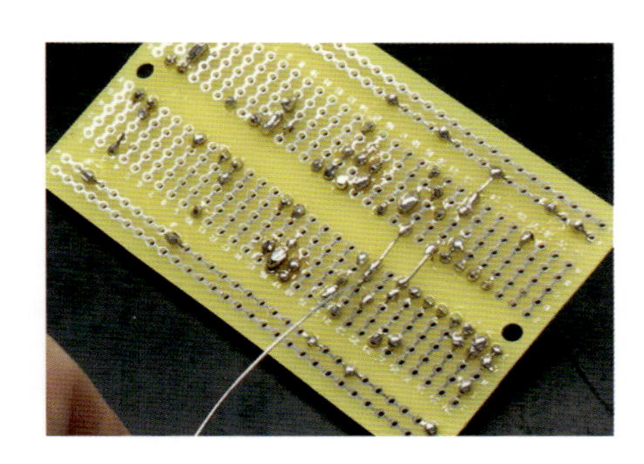

はんだ付け

ジャンパーや配線にはスズメッキ線を利用し、はんだ付けします。

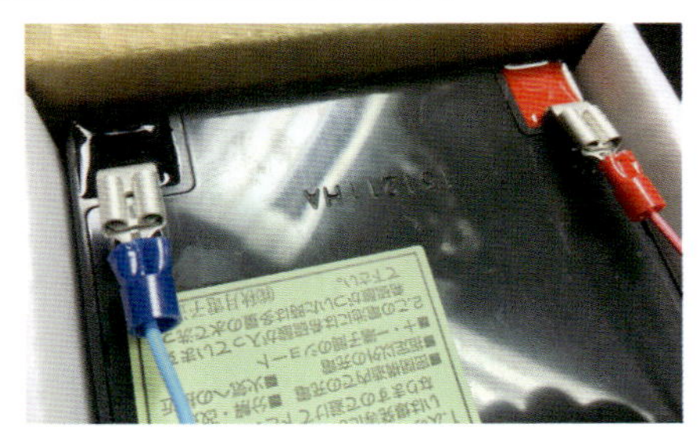

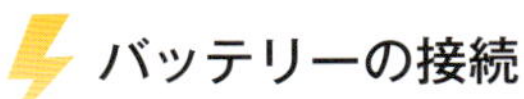

バッテリーの接続

バッテリーは平型端子で接続します。最後にリレー作動電圧を安定化電源で調節し、完成です。

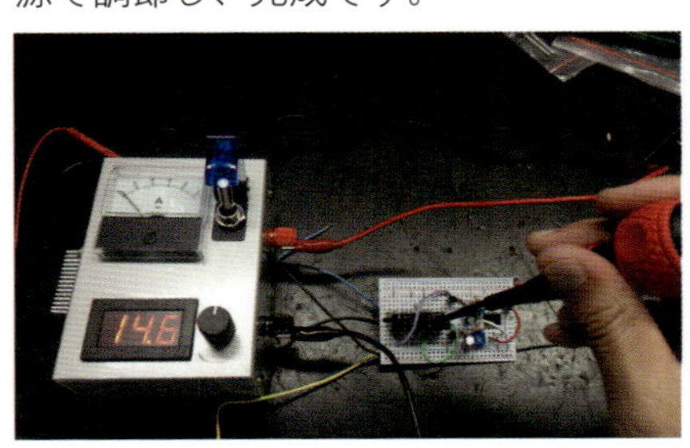

リレー作動電圧の調節

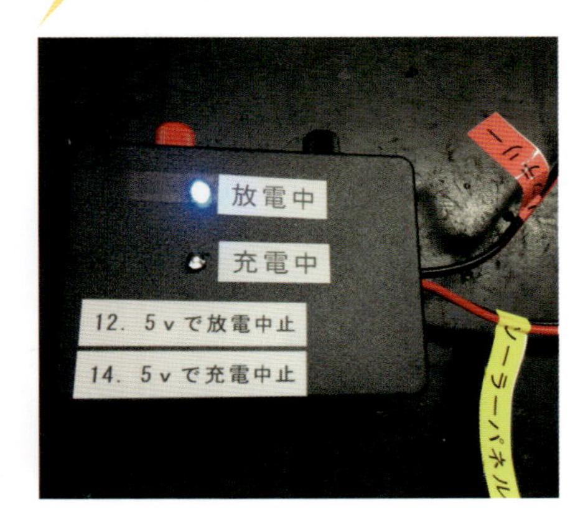

(1) コンパレータでの比較～基準電圧～

コンパレータでは電圧を比較しプラス端子側の電圧が少しでも高くなれば、トランジスタがドライブされ、リレーを作動させるわけですが、そもそも基準の電圧がしっかりしていないと電圧を正確に比較することができません。ですので、今回はTL431（NJM431）というシャントレギュレーターというものを利用することにしました。TL431はある一定以上の電流を流しておけば高精度の電圧を常に出力（本当は可変できる）できるという優れもので、鉛蓄電池電圧が変動しても常に一定の電圧をコンパレータに供給させ続けることができます。他にもツェナーダイオードなども基準電圧作成に使えますが、個体差や温度特性がいまいちなのでTL431（NJM431）がよいでしょう。

TL431が不安定にならないように4.7kΩの抵抗を入れています。カソードとREF端子を接続すれば、安定的な2.5V（正確には2.495V）を出力できます。

(2) 電圧比較回路～調節～

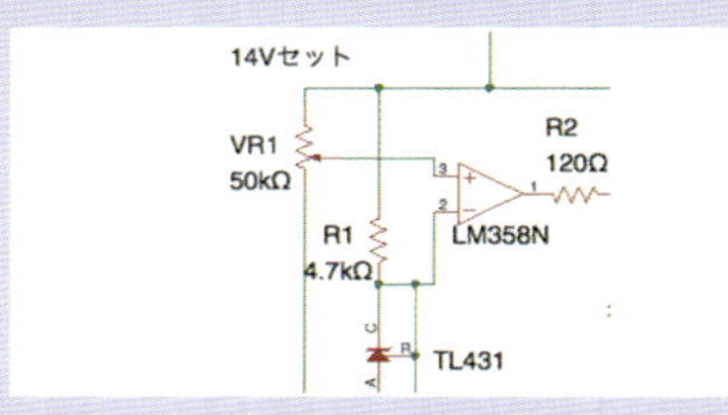

図は過充電防止装置のコンパレータ回路です。TL431の基準電圧をマイナス端子に入力し、プラス端子にはバッテリーの電圧を可変抵抗によって分圧してコンパレータが作動するポイントを調節できるようにしています。14Vでコンパレータが作動するようにするには、安定化電源などで14Vを回路に供給します。そしてVR1を回してコンパレータが作動し、リレーがカチッと作動するポイント付近に調整するのです。

これで調節は完了です。試しに安定化電源の電圧を14V以下に下げたり、14V以上に上げたりしてみてください。正常に14V以上でリレーが作動し、14V未満でリレーが戻ることを確認します。過放電防止装置に関しても同様の調節を行います。

(3) ヒステリシスを持たせる

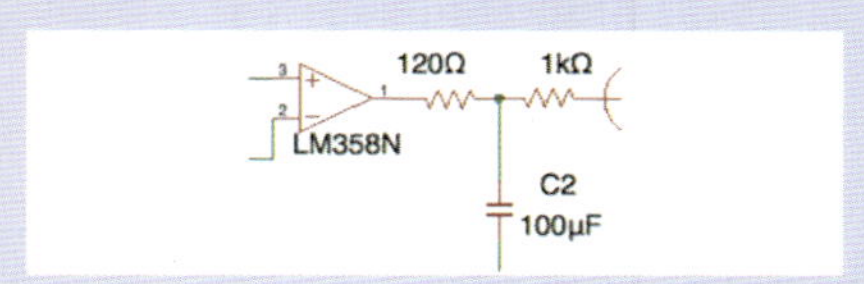

コンパレータの出力の先に、抵抗120Ωとコンデンサ100μFを取り付けています。これはコンパレータが一度作動したら、次に作動するまで数秒程度トランジスタやリレーを作動させないための仕組みで、ヒステリシスを持たせる回路などといったりします。

鉛蓄電池は、充電と放電を行っているとコンパレータが作動する電圧付近をいったりきたりして、とても不安定（リレーが高速でカチカチなる）になる場合があります。それを防ぐために一度スイッチが入れば、数秒は次の入力を無視するという機構を組み込んでいます。

コラム6：リレーってなに？

リレーとは小さな信号で大きな電流を制御したり、直流で交流を制御したり、電源の違う回路や制御部とは隔離された機器をON／OFFするときに使われる便利な部品です。リレーとはまさに運動会のリレー競走と同様で、信号をリレー（伝達）する意味なのです。

メカニカルリレー

メカニカルリレー
オムロン：G5V-2

裏側

接点があるリレーで、電磁石で機械的な機構によりスイッチをON／OFFします。機械的な動きと接点があるということで高速でスイッチングを繰り返す用途には向きませんし、経年劣化で接点が壊れることがあります。

確かにデメリットもありますが、スイッチが入ったときのカチッというリレーの動作音を聞いてしまうと、メカニカルリレーを手放せなくなるほどの魅力があります。

SSR

ソリッドステートリレーといって機械的な接点がない半導体リレーです。メカニカルリレーと違って、高速なスイッチングが可能で機械的動作がない

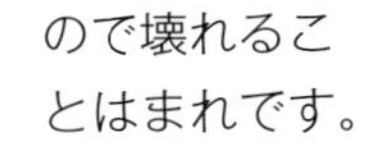
ので壊れることはまれです。

メカニカルリレーの使い方

OMRON G5V-2という12Vで動作する一般的なリレーを使ってみましょう。動作は簡単で、1—16番に12V（リレーの動作電圧）をかけるとリレ

一が動作します。12V以下でも動作はしますが、定格の動作電圧を加えることをおすすめします。

先ほども書きましたが、動作させるとカチッと音がして、内部接点がNC（ノーマルクロス）からNO（ノーマルオープン）へと移動し接点が切り替わります。電流を止めるとまたカチッと鳴って、接点は元のNCに戻るという仕組みです

内部接点部には流すことのできる電流値や定格電圧が定められていますので、データシートを参照しましょう。

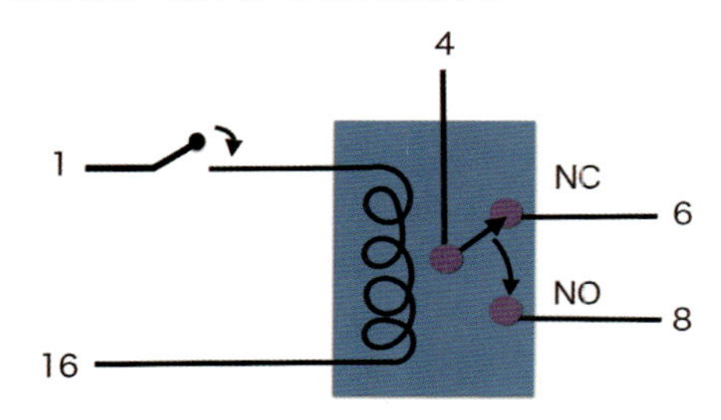

リレーは、もちろん半導体の出力で動作させることもできます。その場合、半導体の出力で直接リレーを動かしてもいいのですが、G5V-2リレーの場合で動作時に40mA程度の電流が必要なので、2SC1815などのトランジスタを介して確実にリレーを動作させるというのが一般的です。

こういったトランジスタの使い方を玄人達は“トランジスタでドライブする”といったりします。ただし、トランジスタでドライブする際に注意点があります。

それはリレーをOFFにするときにコイルの電磁誘導作用で逆電圧が発生してトランジスタが壊れることがあります。それを防ぐためにリレーのコイル部に並列にダイードを入れます。入れる方向はトランジスタの電流が流れる方向とは逆にダイオードを入れます。

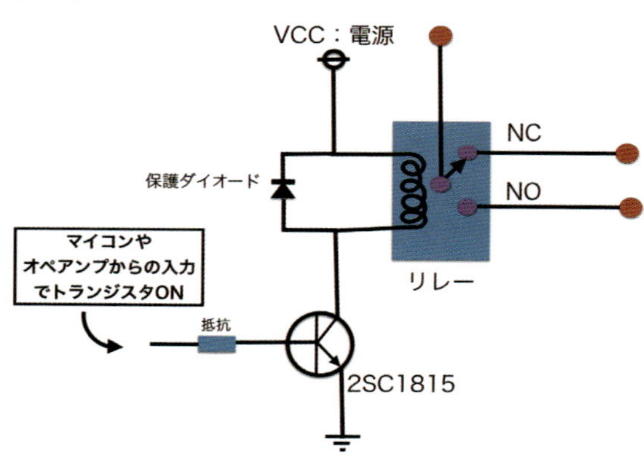

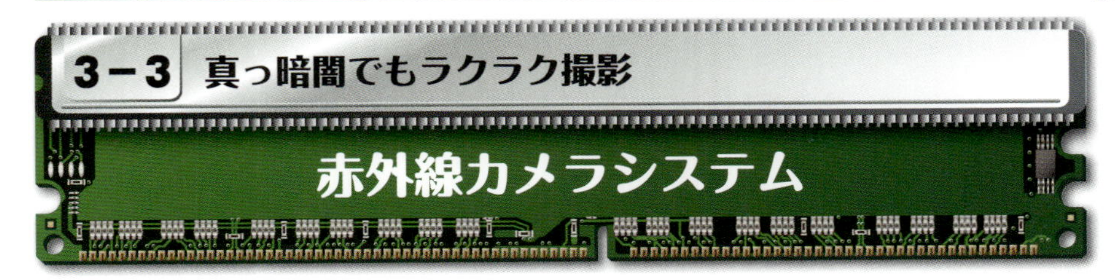

3-3 真っ暗闇でもラクラク撮影

赤外線カメラシステム

デジカメやWEBカメラに使われている映像をとらえるCMOSセンサーは、なんと光の感度が960nm付近まであり、人間には見えない光をとらえることができます。ちなみに、人間の可視光線領域は380～830nm（ナノメートル）程度です。

この性質を利用すれば、真っ暗闇の中で人間には光っていることすらわからない近赤外光ライトを対象物に照射し、近赤外光の感度を上げた改造WEBカメラによって映像を捉えるといった面白いことができます。

今回は赤外線LEDを利用した赤外線投光器と、暗くなると自動的に投光器の電源を入れてくれる夜間自動スイッチング装置の工作、WEBカメラの近赤外光感度を上げる改造を行います。

夜間自動点灯装置のパーツリスト

部品	型番	数量	備考
Cds 素子	MI527	1	基本的になんでも OK
MOSFET-N	2SK4017など（今回は手持ちの IRCZ24という FET を使用）	1	流したい電流値やオン抵抗、駆動電圧により決めればよい
半固定可変抵抗	50kΩ	1	
1/4W　抵抗	1 kΩ	4	
1/4W　抵抗	10kΩ	1	FET 安定用
電解コンデンサ	25V 耐圧　47μF	1	
LED		1	なんでも OK 駆動状態の表示用

赤外線投光器のパーツリスト

部品	型番	数量	備考
赤外 LED	OSI5LA5113A	好きなだけ	基本的になんでも OK
1/4W　抵抗	120Ω	好きなだけ	

WEB カメラの改造パーツリスト

部品	型番	数量	備考
WEB カメラ	UCAM-DLE300T	1	安価なもので十分

光センサー

一定の暗さ、または明るさになれば近赤外線投光器のスイッチを入れるのが、夜間自動スイッチング装置です。その心臓部に光を感知するセンサーを利用します。

光を感知するセンサーはCdsセルというセンサーで、この素子に明かりがあたると不思議なことにCdsの抵抗値が下がります。このCdsセルと抵抗器を組み合わせ、トランジスタのスイッチング機能をうまく使うことで自動的に機器のスイッチを入れる装置が作れてしまいます。

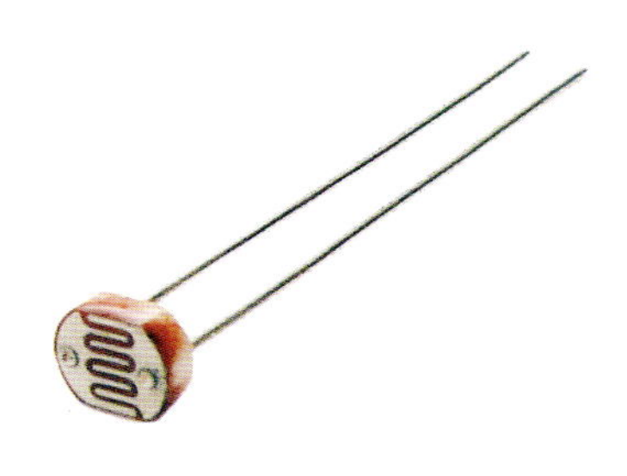

Cdsセル

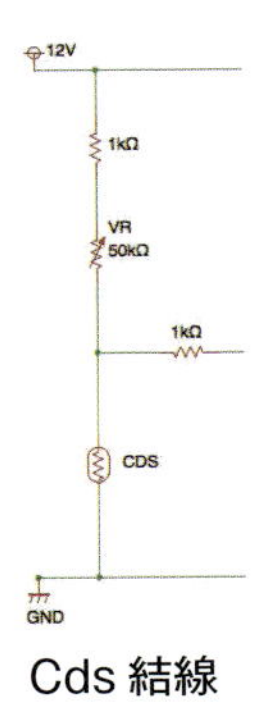

Cds結線

使い方は簡単で、抵抗とCdsを直列に繋ぎ電圧をかけます（Cds結線）。暗くなるとCdsの抵抗値が上昇するので、電源電圧がCdsにも分圧され電圧が上昇し、Cdsと並列につないだ素子に電流を流すことができるようになります。並列にトランジスタのベースなどをつなげていれば、これだけで光に反応するセンサーができてしまいます。

パワーMOS FET

今回は電流を多く使うので、Nチャネルのパワ―MOSFETという素子を、トランジスタを介して駆動させ使用しています。

2SK4017（トランジスタとよく似ていますね）

トランジスタは電流でスイッチングを行いますが、FETは電圧で駆動します。FETは規定の電圧さえかけてしまえば動く、つまり電流のロスが無いということです。またオン抵抗がトランジスタと比べて非常に低いので、発熱ロスもトランジスタと比べはるかに低くなります。

パワーMOS FETの3本足は、トランジスタと同様に名前がついていて、それぞれゲート（G）、ドレイン（D）、ソース（S）といいます。種類は大別するとNチャネルタイプのものと、Pチャネルタイプがあります。回路図記号は、以下のようになります。

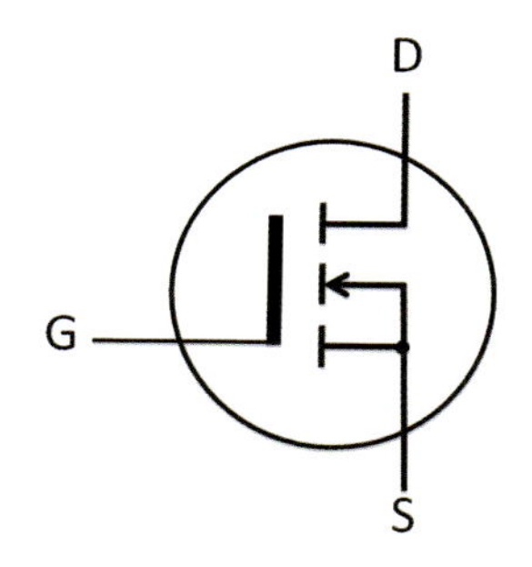

(a)　nチャネル

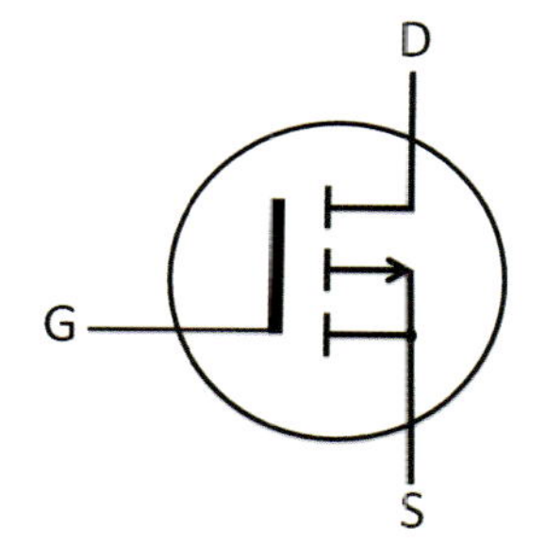

(b)　pチャネル

NチャネルのFETの駆動は、ゲートとソース間に規定の電圧をかけてやればドレインからソースに電流が流れます。Pチャネルでは、ゲートとソース間に逆電圧を加えてやると、ソースからドレインに電流が流れます。安定したON、OFFができるように、ゲートとソース間には10kΩ程度の抵抗を入れるのがお決まりです。

赤外LED

今回使用した近赤外線LEDはOSI5LA5113Aという型番で、順方向電圧が1.35V、順方向電流が標準で50mA、ピーク波長が940nm、おおよそ1本あたり10円程度の格安赤外LEDです。そのLEDをふんだんに7つ直列にして、それを7列の49個使用しています。

LEDには標準で50mA程度電流を流せとデータシートには書いてありますが、赤外LEDを劣化させないため、流す電流値を20mA程度に抑えます。LEDの順方向電圧は1.35Vなので、7つ直列にすると7×1.35=9.45Vが電圧降下します。電源には12Vを使うので12V−9.45V=2.55V、流したい電流値は20mAなので2.55÷0.02=127.5Ωで、120Ωの電流制限抵抗を付けました。抵抗器の消費電流は$P=RI^2$で48mWと1/4W抵抗でOKです。

工作スタート

夜間自動点灯装置の回路図

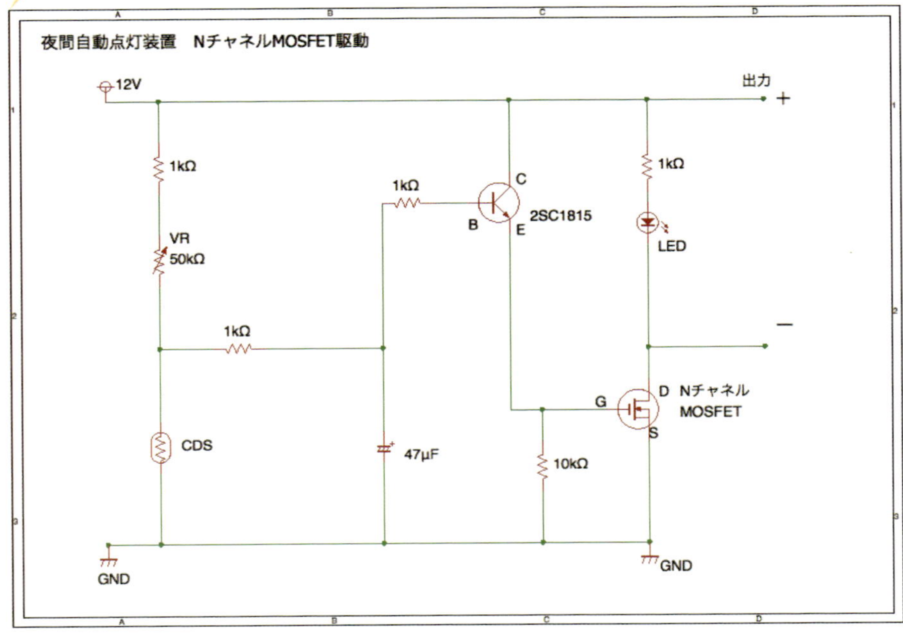

赤外線灯光器の回路図

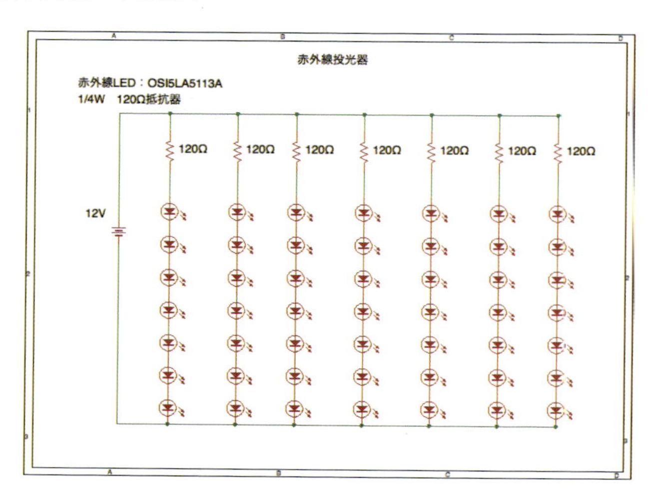

夜間自動スイッチング装置の実配線図

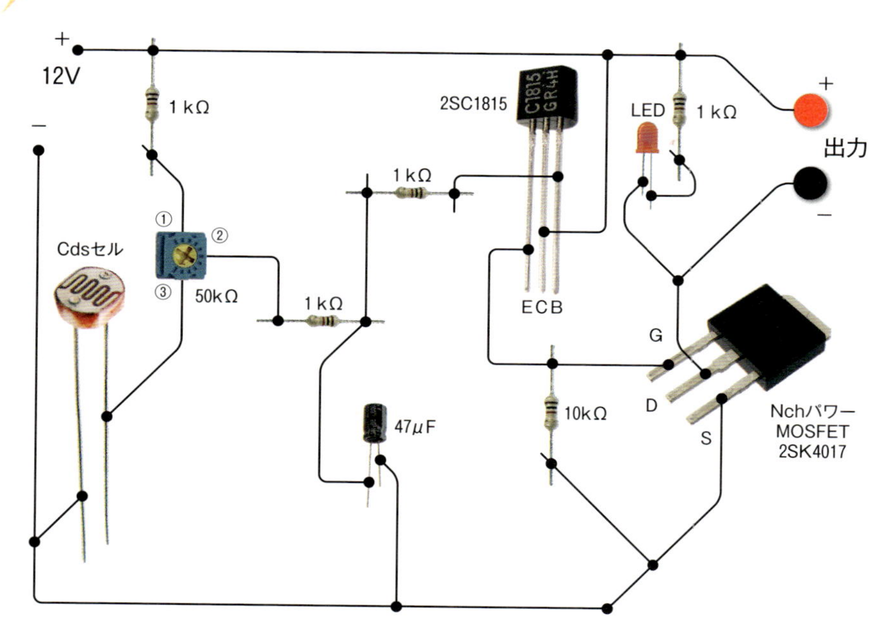

スイッチング装置と赤外 LED の接続

夜間自動スイッチング装置の出力に赤外 LED 投光器をつなぎます。極性を間違えないようにしましょう。はんだやブレッドボードで配線が終われば任意の暗さでしっかり FET が作動するか確認してください。確認方法は Cds センサを指で覆い光を遮断するだけで OK です。調節する場合は50kΩの可変抵抗で行います。

今回は作動がわかるように、視認できる赤色 LED を付けています。

WEB カメラの暗視スコープへの改造

市販されている WEB カメラのほとんど全てに、CMOS センサーが付いています。このセンサーは960nm あたりまで感度があるのですが、通常カメラとして使用する場合はノイズの原因となるため、可視光線以外の赤外光はフィルタによりカットされます。

実は改造とはこのフィルタを取り除くだけなのです。WEB カメラは1000円前後のリーズナブルなもので、十分です。今回は、ELECOM の UCAM-DLE300T series を使用しました。

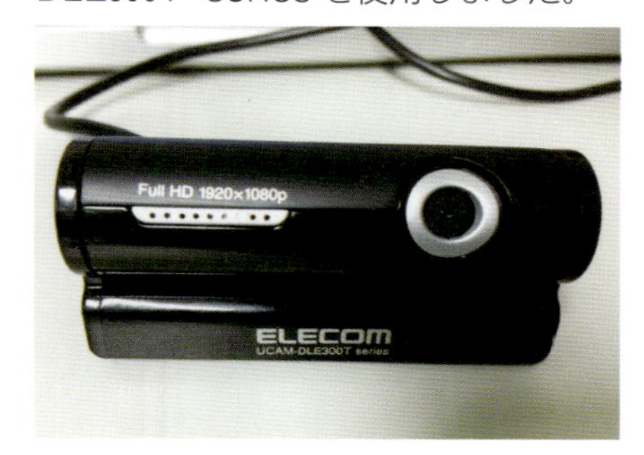

まずはカメラ背面のネジを外して分解してみます。

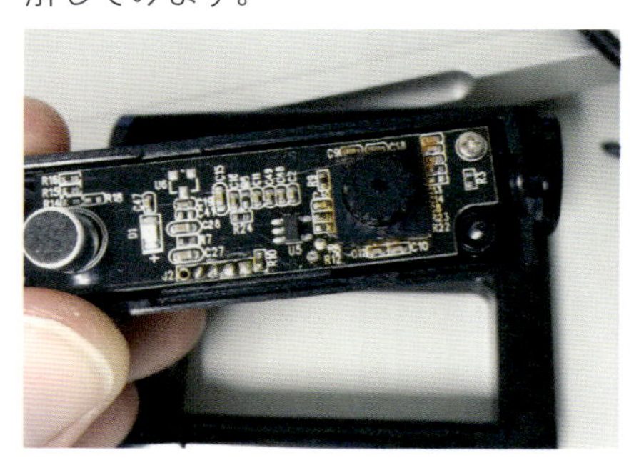

レンズが見えます。だいたいの WEB カメラはレンズを取り外すことができます。レンズ自体にネジ山が刻まれていて、反時計周りに回せば取りはずせます。

赤外線カットフィルタはレンズの内側に入っていることがほとんどです。このフィルタを小さなマイナスドライバなどで取り外します。赤外フィルタは光の具合で赤っぽく反射して見えます。もし取れないようなら、思い切って割ってみるのも策です。左下の写真は、取り外したフィルタとレンズです。

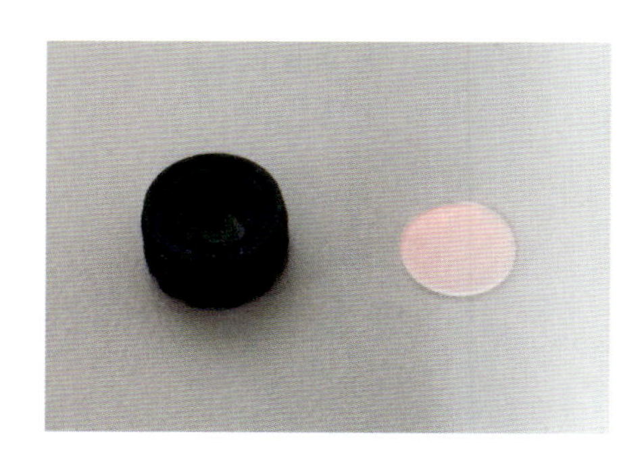

あとはレンズを元通りに戻してピントを合わせれば暗視用 WEB カメラに改造成功です。

 さっそく暗闇で撮影

実際に自宅のウサギを撮影してみました。真っ暗闇で人間の目では何も見えませんでしたが、赤外投光器を照射し WEB カメラで撮影すると、不思議なことにウサギの可愛い姿を撮影することに成功しました。まさに赤外線暗視スコープです。

夜間自動スイッチング装置はすごく便利なので、他のものを駆動することを考えている場合は、ギボシ端子などで接続をはずせるようにしておけば便利です。今回は赤外線投光器のみに使用するため、基盤上で直接はんだ付けし、接続しています。

注意点ですが、光センサーは光を感知させたい部分へと向かせることが肝心です。写真でもわかるように、Cds セルを上向きに取り付けているのは、上部からの光を想定して方向を決めたからです。

赤外線投光器の総電流は140mA 程度で、１つの抵抗にかかる電力も低いことから、今回は1/4W 抵抗を用いていますが、LED のデータシート通り50mA 流すとなると１W 程度の抵抗器に変更したり、発熱対策することをおすすめします。

LED は発熱を起こすとすぐに光量が低下します。赤外線 LED は目で光り具合を測れませんから、なおさら対策が必要です。

3-4 定番のLM386を使って安価で高音質を堪能

オーディオアンプ

電子工作ではじめに作るアンプといえば、このLM386以外にないでしょう。超定番中の定番で、ちょっとした音をスピーカーから出力したいときなどに重宝します。

音もそこそこ良く、部品にこだわれば、たったの50円で作ったオーディオアンプとは思えないほどの高音質を提供してくれます。作り方もとても簡単なので、電子工作の実験用に、またちょっとした音出しアンプとして利用できます。ぜひ作ってみてください。

パーツリスト

部品		型番	数量	備考
オーディオアンプ		LM386N-1	1	
1/4W 抵抗	R1	10kΩ	1	アンプ用
	R2	10Ω	1	アンプ用
	R3	1kΩ	1	LED 用
可変抵抗　VR		50kΩ	1	入力調節用
電解コンデンサ	C1	330μF	1	
	C4	470μF	1	
セラミックコンデンサ	C2	0.22μF	1	電源パスコン
	C3	0.01μF	1	
	C5	10μF	1	ノイズ除去
青色 LED			1	飾り　なんでも OK
ターミナル端子			2	信号入力用　なんでも OK
スイッチ			1	電源スイッチ　なんでも OK
ケース			1	今回は100円ショップの油こし器を利用　なんでも OK

LM386というオーディオアンプ

このオーディオ IC にはアンプが 1 つだけ入っています。出力は最大でも 325mW とそれほど音量は期待できません。しかし、データシート通りに組むと、わずか部品点数は 4 つで済み、簡単にスピーカーを鳴らせるアンプが出来上がります。

LM386

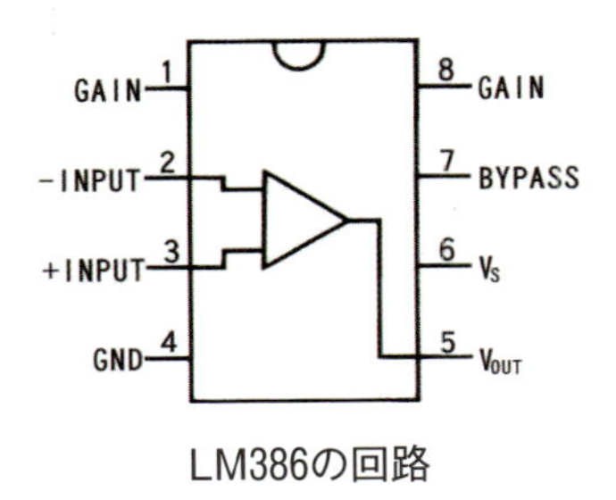

LM386の回路

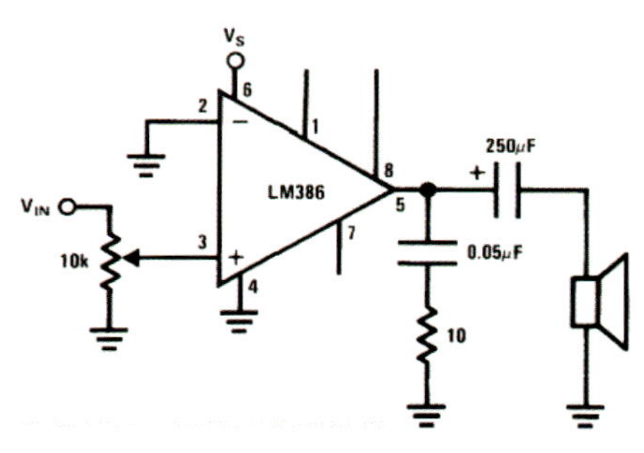

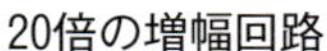
20倍の増幅回路

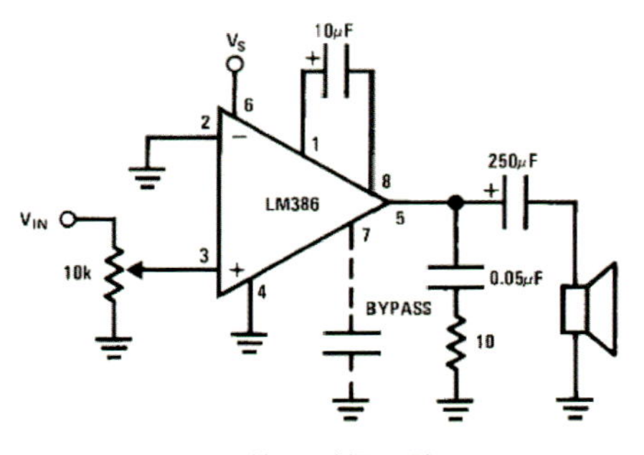

200倍の増幅回路

高音質のためのコンデンサ選び

やはり音を扱うアンプを作るなら、音質にこだわりたいと思うのが常です。安価なアンプのLM386ですが、なんとコンデンサを少しグレードアップするだけで劇的に音質が良くなります。しかも、材料の電解コンデンサは通常のものよりも数十円高いだけなので、改造費用もお安く済みます。

たったそれだけで、そこらへんのコンポよりずっと良い音になるという人もいるくらいです。そんな大事なコンデンサですが、おすすめは音響用のMUSEコンデンサです。少しこだわるだけで、50円アンプが市販品より音が良くなるかもしれないとなると、これはやってみる価値はあります。

MUSEコンデンサ

工作スタート

回路図

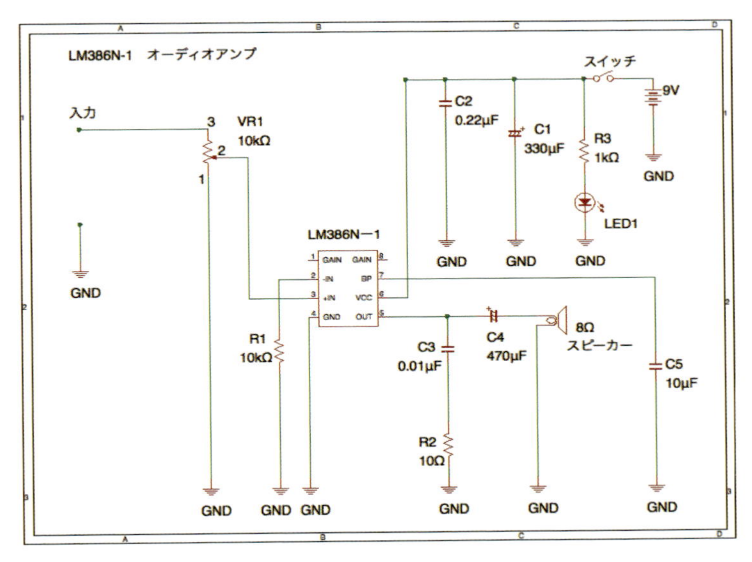

配線図

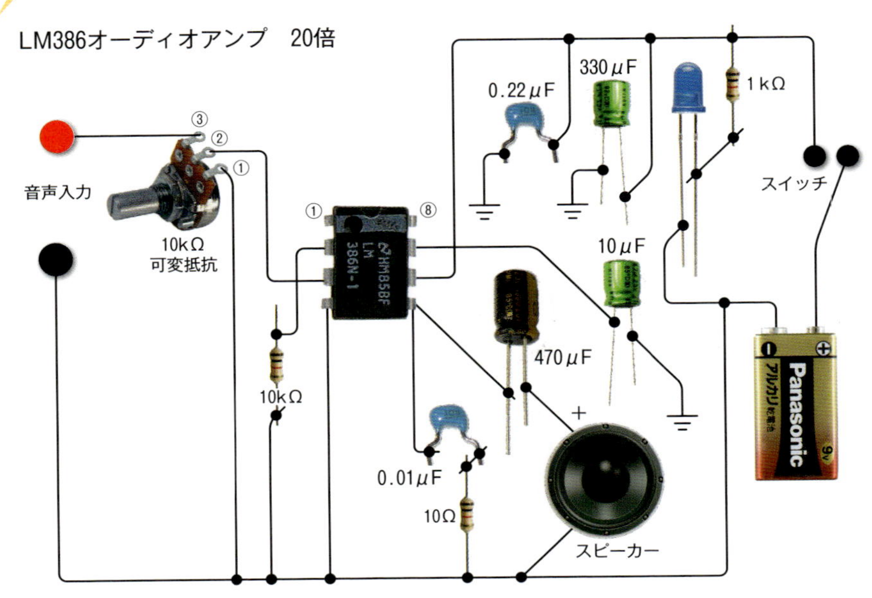

ケース選びと加工

今回、ケースに選んだのは100円ショップで売られているオイルポットです。見た目がメタリックでしかも油こし部分に複数の穴が開いているので、スピーカーを設置するのにぴったりです。

部品の取り付け

ケースにスピーカーやスイッチ、ターミナル、ボリュームを取り付けます。入力信号は赤黒のターミナル端子と3.5mmモノラルジャックの2系統から入力できるようにしました。

オイルポットのふたにボンドでスピーカーを取り付けました。配線を長めにしておくと、取り付けが楽です。

スピーカーの完成

内部は吸音材としてホームセンターで売っているフィルターを利用し、さらに飾りとして青色LEDもスイッチを入れると発光するようにしました。インテリアとしても良さそうです。固定足として音声入力のターミナル端子が役に立っています。

(1)　LM386N-1の回路設計

LM386N-1の増幅率に関しては、1番ピンと8番ピンで決定していきます。1番ピンと8番ピンに何もつながなければ20倍の増幅率、1番ピンと8番ピンに10μFのコンデンサを入れると増幅率はMAXの200倍になります。今回の工作では20倍の倍率にしています。

(2)　音量調節

増幅率（ゲイン）は固定なので入力のレベルを可変抵抗で変化させて音量を調節するように、3番ピンの入力に10kΩの可変抵抗で変更します。ここがポイントですが、右にボリュームを回すと抵抗値が下がり、音量が上がるようにしなければいけません。ボリュームの1番ピンをアースに、2番をアンプの3番入力へ、ボリュームの3番ピンを外部入力へというつなぎ方にします。

(3)　さらなる音質を目指すには

データシートでバスブーストいう低音を響かせるために、出力から1番ピンにコンデンサ0.033μFと10kΩの抵抗を介して負帰還をかける方法があります。抵抗の値によっては劇的に音質が良くなったりするのですが、実はこのことを革命的に音が良くなるので、LM386革命アンプなどといったりします。

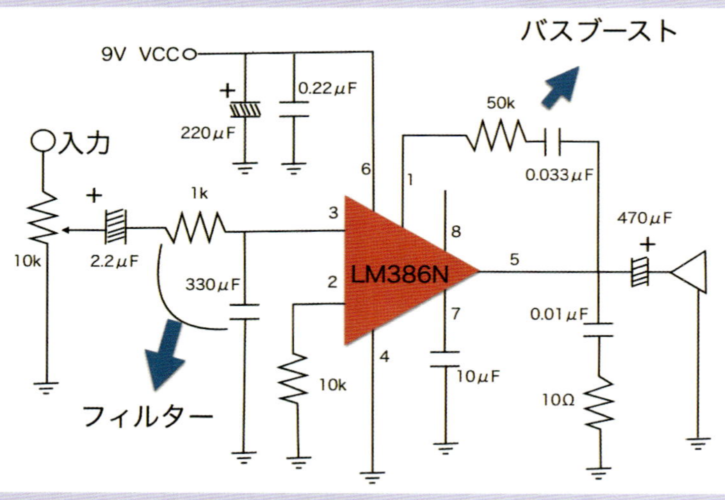

LM386N-1革命アンプは、バスブーストの抵抗の値を50kΩにするといいようです。この50kΩがポイントでICが発振しないギリギリの値だそうです。このバスブーストやフィルタの組み合わせで、市販の数万円程度するアンプより音質が良くなるという噂です。

今回はパーツリスト通り部品選びをしましたが、さらに出力のカップリングコンデンサを250μFから470μFに変更すると、音に深みと重低音が加わります。おすすめです。

コラム7：可変抵抗のAカーブ、Bカーブ

シグモイドカーブという言葉を聞いたことがあるでしょうか？　あらゆる生命や自然界の現象をグラフ化すると、S字曲線になるのだとか…それがシグモイドカーブといわれる曲線なのです。

細菌の増殖数と時間とのグラフや、音圧強度と音の感じ方など人間の視覚や聴覚もこのシグモイドカーブに準じているのだそうです。音圧と音の聞こえ方でいうと、音圧強度を上げていくと、音圧を上げているのに人間の耳にはあまりボリュームは上がっていないように感じる**期間**①が続き、その後しばらくすると、急に音が大きくなる**ポイント**②がやってきます。さらに音圧を上げていくと、今度はいくら音圧レベルを上げてもボリュームがそれ以上あがっていないように感じる**期間**③がやってくるというのです。

人間の耳の感覚的な聞こえ方は音圧レベルに比例しているわけではないのですね。

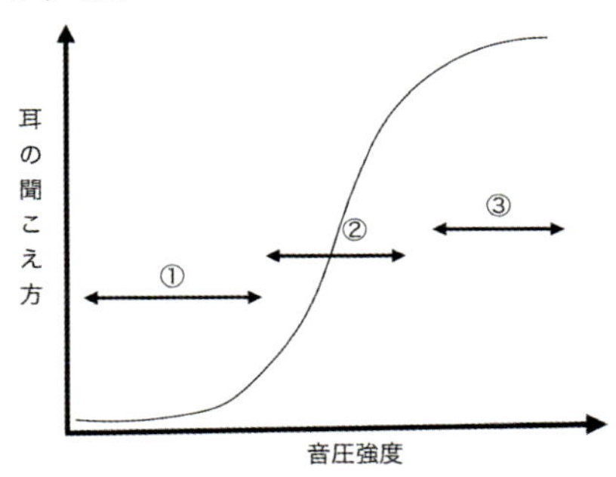

本題ですが、可変抵抗器にはAカーブとBカーブというものがあり（実はもう少しありますが…）、図のようにBカーブはツマミの回転角度と抵抗値のグラフが比例関係にあるのに対し、Aカーブは指数関数的な曲線になっています。

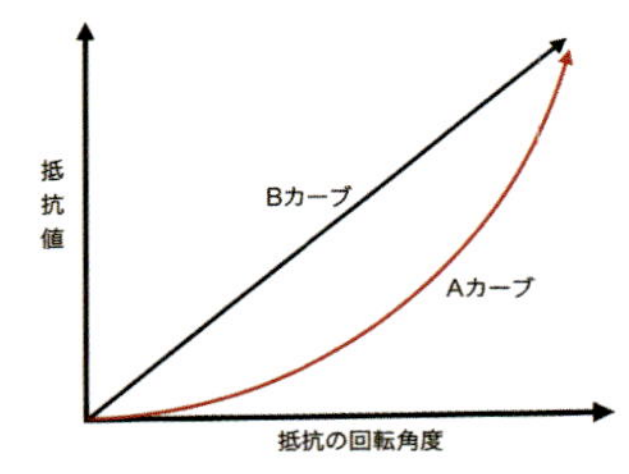

思い出してください。人間の耳はシグモイド関数です。オーディオアンプなどを作成し、ボリュームを比例関数であるBカーブのものを選ぶと、回転角度に対してスムーズなボリュームUPとして聞こえてきません。音を調節するボリュームはやはりAカーブを選ぶべきです。Aカーブならシグモイド関数の耳の聞こえ方でもスムーズなボリュームアップが直線的に聞こえるようになります。

逆にオペアンプの増幅率などを決定する抵抗や、可変電圧装置のツマミに使用するボリュームには比例特性のBカーブを使うべきです。回転角度と抵抗値が比例関係にないと、急に増幅率や電圧が上昇したりしては使い勝手が悪すぎますよね。

3-5 オーディオ専用ICで迫力のステレオサウンド

高出力オーディオアンプと広帯域スピーカー

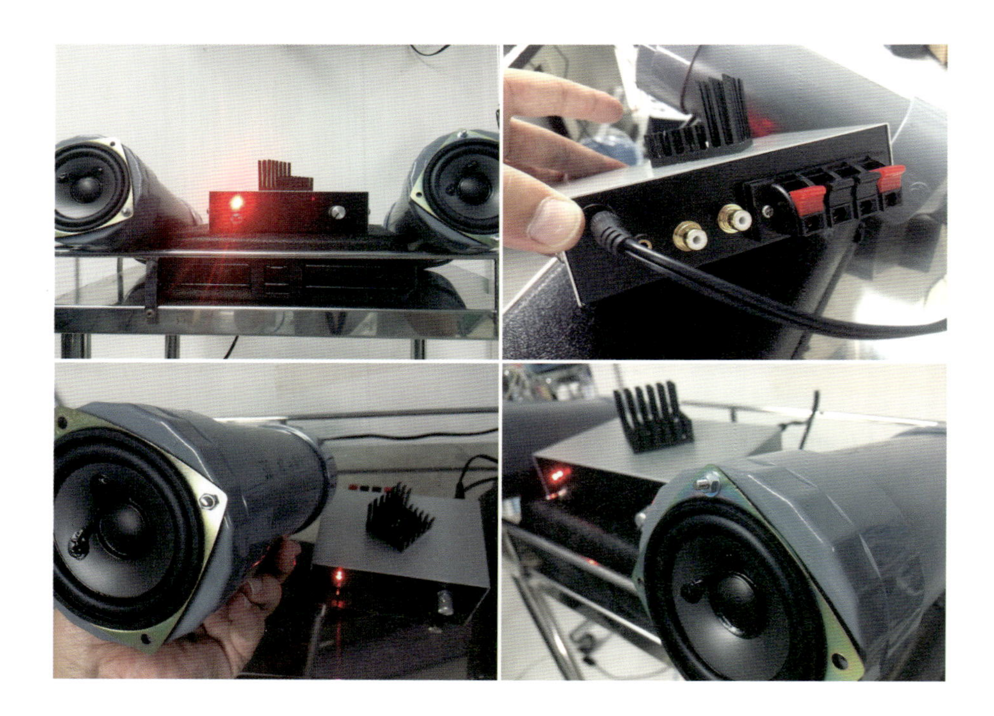

前節では定番のLM386によるアンプを工作しましたが、最大出力が325mWと低いですし単調なモノラル出力なので、繊細なクラシック音楽や大迫力な映画音声を出力するのには物足りなくなってきます。

そこでこの節では、音声に深みと臨場感がプラスされるステレオ（2chアンプ）出力が可能で、しかもスピーカーを大音量で鳴らせる6W/1chの高出力オーディオアンプを作成します。

さらに、作成したアンプを鳴らすための広帯域スピーカー（フルレンジといいます）を水道管に使用される塩化ビニールパイプで自作していきます。

高音質アンプに手作りスピーカー、楽しいですよ。

高出力オーディオアンプのパーツリスト

部品		型番	数量	備考
オーディオアンプ		TA8265K	1	秋月電子で140円で販売中
Aカーブ 2連ボリューム 10kΩ			1	
抵抗器	R3 R4	200Ω	2	
	R1 R2	10Ω	2	
電解コンデンサ	C3	100μF	1	muse製を利用 50V耐圧 今回はオーディオ用をチョイス
	C6 C7	47μF	2	
	C1 C8 C9	1000μF	3	
セラコン	C4 C5	1μF	2	電源より高い耐圧を選ぶ
	C2	0.1μF	1	
	C10 C11	0.01μF	2	
ヒートシンク		15PB054	1	ヒートシンクは十分大きいものを選ぶ　15PB054が最適
10～30V　DC電源		LTE50ES-SW-3190A	1	19V DC電源※
その他	DCジャック	MJ-10	1	内径2.1　外径5.5
	入出力端子	RJ-2008BT	2	RCAジャック
		MJ-073H	1	3.5mmジャック
	ケース	YM-150	1	なんでもOK

※場合によってはノイズ源となりえるので、ノイズのある場合は3端子レギュレータなどでリップルノイズをおさえる必要があります。

塩ビ管スピーカーシステムのパーツリスト

部品		型番	数量	備考
広帯域スピーカー　8Ω 10W		F77G98-6	2	フルレンジスピーカー
塩ビ管	直管	VU-75	1	1mあれば十分
塩ビ管	蓋	VU-75	2	スピーカーを取り付ける
塩ビ管	コネクタ	VU 75-40	2	
その他	ターミナル端子（黒と赤）			
	配線			ターミナルとスピーカー端子をつないだり、スピーカーとアンプを接続する

高出力オーディオアンプ TA8265K

TA8265Kの特徴は、なんといっても1chあたり6Wもの高出力であることと、IC 1つでアンプが2ch分内蔵され1チップでステレオ出力が可能であるということです。

TA8265K

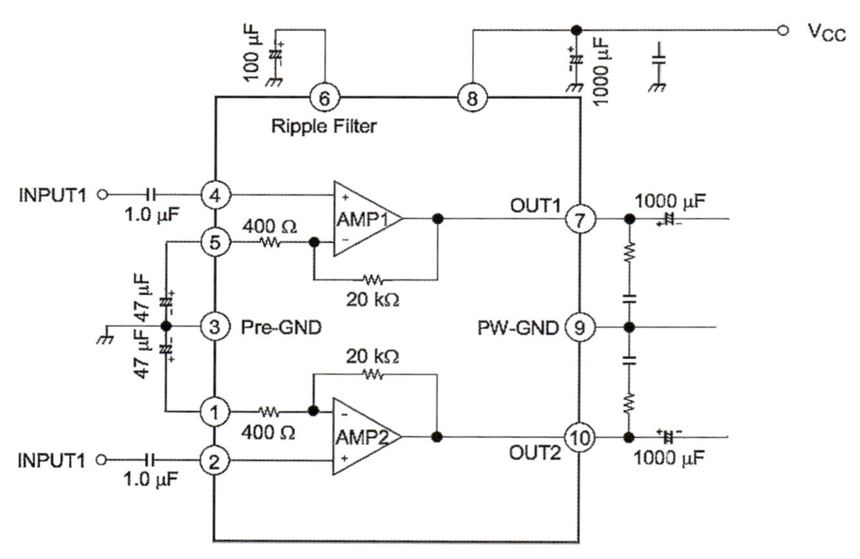

データシートでのアンプ回路例

LM386同様、わずかな外付け部品だけで大きな出力が得られます。他にもよく似たアンプに4.7W出力が可能なTA8207Kなどがあり、いずれもネット通販で入手可能です。今回もデータシートの推奨回路構成で回路作成していきます。

電圧利得～ゲイン（Gain）

アンプを工作する場合、元の入力信号をどのくらい増幅させせるかを決めなければなりません。

アンプにより増幅率はさまざまですが、アンプ性能目一杯に増幅すると音質が悪くなるので一般的には増幅率を抑えて5倍から30倍程度にします。増幅率は何倍増幅という表し方をしてくれれば解りやすいのですが、アンプの場合デシベルという単位で増幅率を表すことがほとんどです。

$$20 \log X = y\ dB$$

この式が増幅率とデシベルの関係式です。対数の計算によりy dBを求めます。Xの部分が倍率です。またこの増幅率のことをゲイン（Gain）といいます。

たとえばゲインが40dBの場合、20 log X＝40dBなので、両辺を20で割るとlog X＝2となり、Xは10^2の値になるので100倍ということがわかります。

今回のアンプ作成では、データシートに書かれている通りにR4に200Ωの抵抗を入れゲインを抑え、おおよそ30dB、倍率でいえば30倍程度で使います。

$$G_V = 20\log \frac{R_1 + R_2 + R_4}{R_2 + R_4} \text{(dB)}$$

When $R_4 = 220\ \Omega$
$G_V \approx 30$ (dB)
is gain.

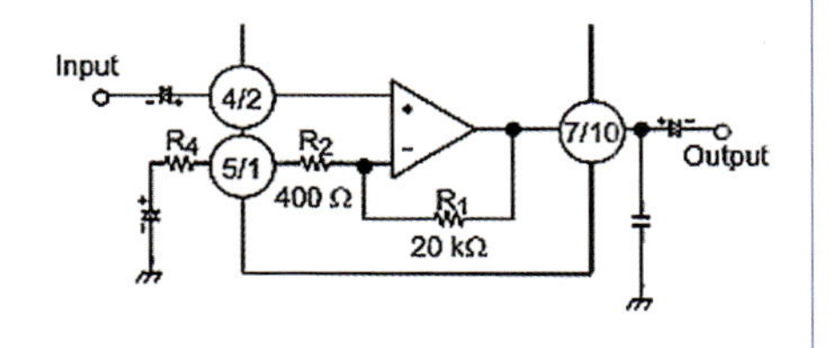

モノラルとステレオ

先ほども書いた通り、前節のモノラルアンプに対して、今回はステレオアンプ（2chステレオ）を作成します。

モノラルは1つのスピーカーから全ての音を出しますが、ステレオは「立体的音響」といわれ、右耳から聞こえる音は右のスピーカーから、左耳から聞こえる音は左のスピーカーから出力することで、音に奥行きと臨場感が出るのが特徴です。

モノラルアンプでも2ch分用意すれば立派なステレオアンプが出来上がります。今回はIC1つに対してアンプが2chあるので、ワンチップでステレオ出力が可能というわけです。

工作スタート

回路図

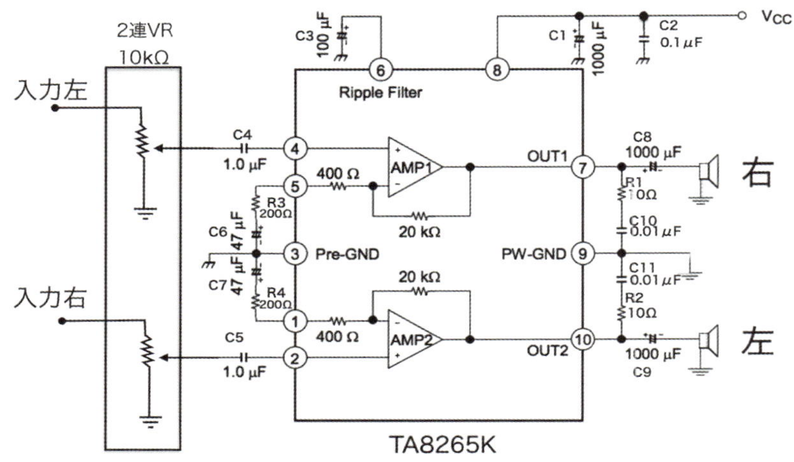

丸で囲まれた数字がICのピン番号

配線図

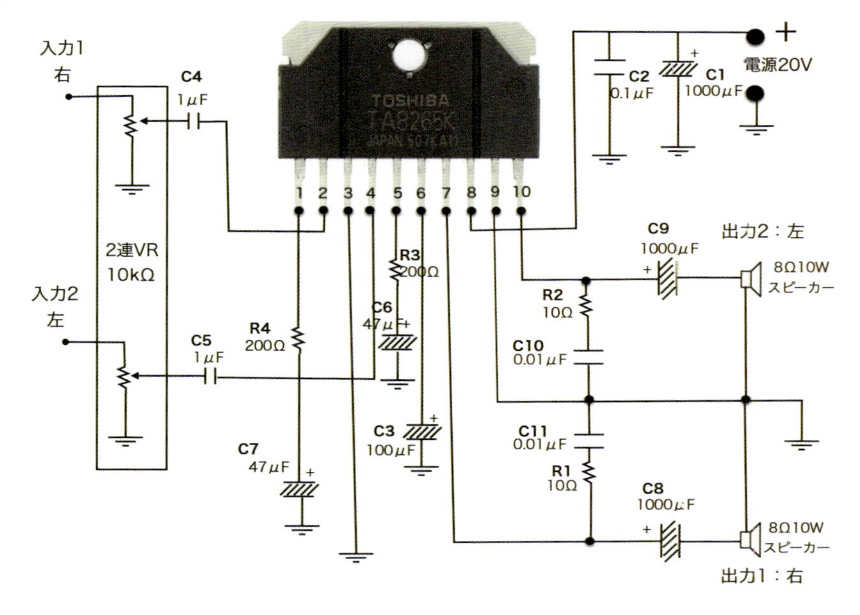

今回はR3、R4の200Ωを入れてゲイン30dB（30倍）に抑えていますが、取り外して34dB（約50倍）にしてもOKだと思います。

入力は赤・白のRCA端子ジャックと3.5mmステレオピンジャックの2系統から入力できるようにしました。2連可変抵抗は1つのつまみで2系統の可変抵抗器を操作でき、今回のような2chステレオアンプの操作にはもってこいです。

また、2連可変抵抗はAカーブのものを選ぶと、つまみの操作量と音の聞こえ方が直線的に聞こえ実用的になります。詳しくは、p. 91のコラム7を参照してください。

塩ビ管スピーカーの工作

ホームセンターで売っている配管用の塩ビ管を使い、とても自作とは思えないほどの高音質スピーカーも合わせて作ってみましょう。

作り方は簡単で、塩ビ管のキャップにスピーカーを取り付けるだけ、あとは塩ビ管の組み合わせで自分好みの長さや形に組み上げると完成となります。今回はバスレフ型といい、スピーカーの後方に出る低音をさらに強調するような構造のスピーカーに挑戦しています。

スピーカーの直径に合わせた塩ビ管キャップに穴を開け、スピーカーを取り付けます。

取り付けたスピーカーを40cm程度に切った塩ビ管の直管に取り付け、吸音材としてフィルターを入れます。後方の蓋には直径を小さくできるコネクタを取り付け、スピーカーの配線を終えればあっという間に塩ビ管バスレススピーカーの完成です。

出来上がったアンプとスピーカーで音楽を聞いてみてください。深みのある重低音と透き通るような高音が同じスピーカーから出てきます。これは間違いなく数万円するアンプとスピーカーに匹敵する音質です。

(1)　ヒートシンクの取り付け

オーディオICにはヒートシンクを取り付けますが、大きなヒートシンクをケースを介して取り付けるために、写真のように基盤から離してICを配線し、ヒートシンクとケースに固定しています。ヒートシンク無しでは結構発熱するので、長時間アンプを鳴らすとなるとヒートシンクは必須になります。また、このICの放熱板はGNDレベルであるので、ケースと絶縁する必要はありません。違う種類のオーディオICを使う場合はデータシートで確認しましょう。

(2)　同軸ケーブルを利用しよう

アンプは入力から出力へと信号を送りますが、特に入力信号を何倍にも増幅するので、入力ラインに不必要な信号がのればそれ自体がノイズとなります。

そのような外来ノイズを極限まで減らすことがアンプ作りの際の難題でもあります。この外来ノイズを減らすために、入力ラインや出力のラインには同軸ケーブルというケーブルを用いることをおすすめします。また、出来る限り入力信号を伝えるラインは短くし、ノイズの混入を低減することもポイントです。

(3)　電源について

実は、オーディオアンプを作る際の電源にACスイッチングアダプターをチョイスするのはあまりよくありません。なぜかというと、ノイズが乗る場合があるからです。

今回は安価で簡便であるためスイッチングアダプターを利用し、ラッキーなことに全くノイズはスピーカーから聞こえてきません。今回使用した19VLTE50ES-SW-3190Aの性能が良かったのかもしれませんが、秋月電子で売られている同様のアダプターである19V3.15A　AD-A190P315では“キュイーン”という高周波ノイズが発生しました。ノイズが出る場合はコンデンサなどでノイズを抑えますが、ノイズキャンセルできない場合はどうしようもありません。残念ながら電源を変えるか、ノイズの少ない3端子レギュレターを利用したり、トランスから電源を作成するしかありません。

3－6 驚異の高電圧で鳥獣撃退

6000Vの電気柵

昨今、鳥やイノシシなどの鳥獣(ちょうじゅう)などによる農作物被害が大変多くなっています。そういった鳥獣被害防止のために、安全で効果抜群な電気柵対策があります。市販品は数万円以上しますが、法令を遵守した安全で効果的な電気柵ならたったの1,000円程度で、しかも簡単に自作することができます。

今回作成する電気柵は6000Vもの夢の高電圧を発生させ、鳥獣の被害から貴方のガーデニングライフや農作物、ベランダを守ります。

WARNING

この電気柵は電気事業法および電気用品安全法による法令を遵守した設計、設置基準を記述しております。製作する電気柵で感電しても人体には極微小な電流しか流れず安全ですが、**ショックは大変に大きい**ものです。**製作する場合は自己の全責任において行い**、特に心臓の悪い方、小さなお子様、ご年配の方が感電しないように十分注意してください。製作物における事故・障害が起こっても責任は一切負いません。

放電タイミング回路のパーツリスト

部品		型番	数量	備考
タイマーIC		LMC555	1	1 Hz で発振させるため
抵抗	Ra	68kΩ	1	
	Rb	680kΩ	1	
	R1 R R5	10kΩ	各 1 本	
	VR	10k 可変抵抗	1	
	R3 R4	1 kΩ	各 1 本	
セラコン	C1	1 μF	1	
	C2	0.01 μF	1	
オペアンプ		LM358N	1	IC555との組み合わせで PWM 制御する
トランジスタ		2SC1815	1	オペアンプの出力段に使用
N-ch MOSFET			1	高電圧のスイッチングに使用
赤色 LED			1	PWM の作動時間確認用 なんでも OK
スイッチ			1	本体のスイッチ　なんでも OK
ケース			1	100円のタッパーを利用 なんでも OK
6―12V の電源		9 V 電池	1	太陽電池やバッテリー使用可能。ただし安定化させるために 3 端子レギュレターなどを利用した方がよい

ブロッキング発振昇圧回路のパーツリスト

部品	型番	数量	備考
トランス	HP-515（他に ST-26HP-612など）	1	巻線比が比較的大きく2次側が中点でタップが出ているものならなんでもOK
トランジスタ	2SC1815	1	

コッククロフトウォルトン回路　15段　30倍昇圧のパーツリスト

部品	型番	数量	備考
高耐圧セラコン	ECKN3A102KBQ	30	1000pF　1000V耐圧
ダイオード	1N4007	30	1000V耐圧

電気柵の仕組み

市販品も含めて世に出回っている電気柵のほぼ全ての仕組みは、驚くほどに似通っています。直流からなる電源を数キロヘルツに発振させ、巻線比の大きなトランスで昇圧することで高電圧を発生させます。簡単な仕組みですが、どのような方法で発振させるか、放電エネルギーはどのくらいに抑えるか、放電時間、放電電圧をどのような値にするかなど細かい点で違いがあるぐらいです。

今回は2－3節でも紹介した**ブロッキング回路**を使って発振させ、200V程度に昇圧させた電圧をコッククロフトウォルトンという回路でさらに30倍の6000Vにまで昇圧させます。

作成した高圧電圧を流しっぱなしでは、味気ないし電気柵を制御するという目的からも、発振回路の前にタイマーICで作成した放電タイミングを決定する回路を取り付けます。市販品ではこの回路をマイコンなどで制御していることが多いようです。放電タイミングというのは高圧を作動させる時間の調節のことで、今回作成する電気柵ではおおよそ1秒毎にパルスを発生させ、そのパルス幅の継続時間だけ高圧を発生させるという仕組みにしています。

感電!?

人間は1mAから電撃を感じはじめ、9mAで筋肉が硬直し、50mAを超える電流では命の危険があるといわれています。今回は6000V程度の電圧を発生させており、人間の内部抵抗を500Ωとすると、オームの法則で6000÷500＝12Aもの大電流が流れる計算になります。ん？　だめじゃないか！　とお思いでしょうが、実際にはそのような大電流は絶対に流れません。

なぜかというと、電池でエネルギーを供給するブロッキング回路などでは電圧を高くできても**大きな電流を流す能力が無い**からです。今回の回路では回路全体の電流でも50mA程度、最大でも出力電流はごくわずかな時間に4mA程度しか流せません。また、人間には数kΩの接触抵抗や500Ω程度の内部抵抗があるので、その4mAも体に流すことは不可能です。

今回作成する回路では電流を制限しているので、通電した瞬間大きな電流が流れようとして、ごく短時間の間に急激に電圧が下がるのです。その時間は数μSec程度で流れる電流値もかなり低い値になります。

タイマーIC 555ってなんや？

タイマーICというと、電子工作の世界では555という有名なICのことを指します。このICは名前の通りタイマーとして作動するのですが、有名な使い方として2つの抵抗と1つのコンデンサの組み合わせで、ほぼ正確な周波数で発振させるという使い方があります。

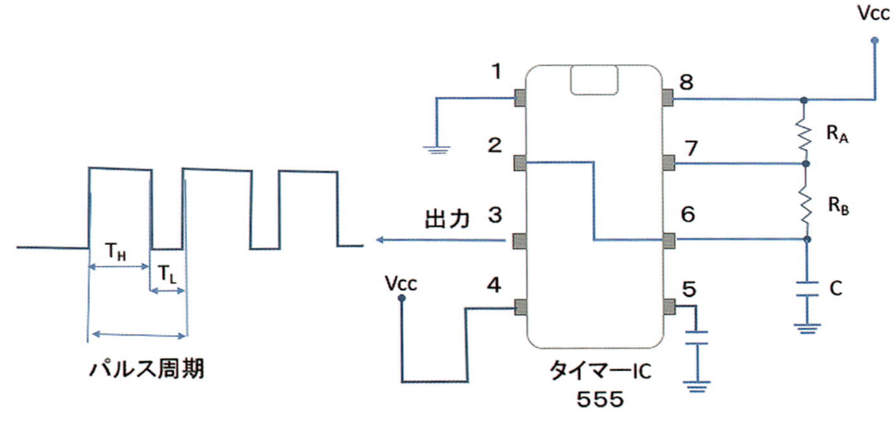

発振回路としての代表的な回路図

回路中のR_A、R_B、Cの値によって3番ピンから出力されるパルス発振周波数とパルス出力幅の時間T_H、パルスがOFFの時間T_Lが決定します。

$$T_H = 0.693 \times (R_A + R_B) \times C \quad [秒]$$
$$T_L = 0.693 \times R_B \times C \quad [秒]$$
$$周波数\ f = 1.44 \div ((R_A + 2R_B) \times C) \quad [Hz]$$

パルス周期に対するT_Hの割合のことをduty比といい、次の式で表すことができます。

$$duty比 = (T_H \div (T_H + TL)) \times 100$$

555ではduty比を50%以下にできませんし、パルス幅を可変抵抗で可変しようとすると周波数が変動します。555は周波数やduty比を固定した使い方には適していますが、パルス幅を可変するような使用方法には向かないのです。

今回の工作では555にオペアンプによる**コンパレーター**を追加することでduty比を0―100%まで可変でき、周波数は1秒に1回の1Hzに固定したPWMという制御の方法をとりました。

工作スタート

回路図

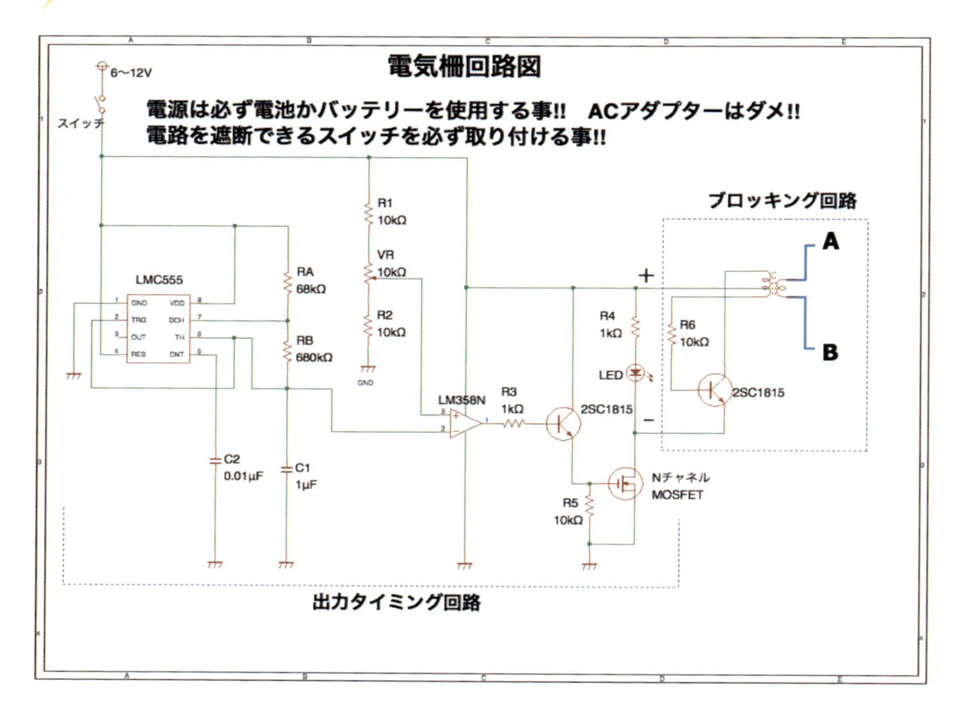

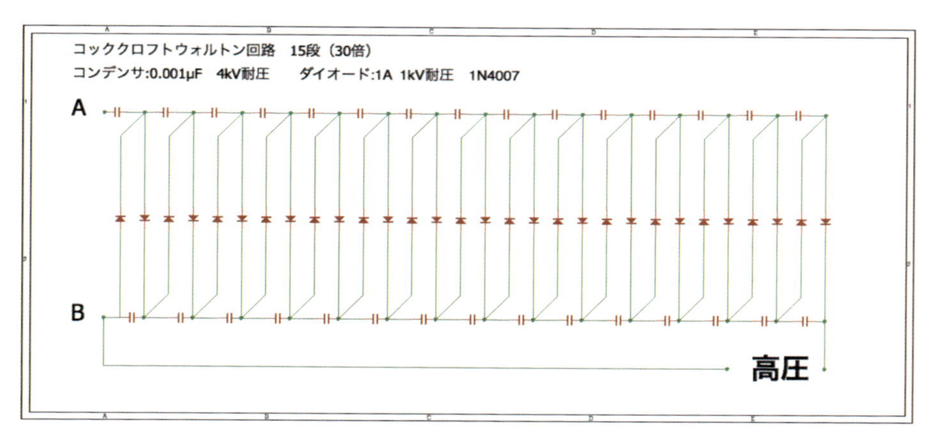

（実配線図は回路図と平面上の見た目が同じなので割愛）

回路を製作していくには、まずタイマーICとコンパレーターで作る放電タイミング回路から作成します。組み上がった時点で作動チェックをしましょう。VRの調節でNch-MosFETがドライブするLEDの点灯周期が変化すればOKです。

電源は、6—12Vの電池を利用してください。現実的には12Vの大きな容量のバッテリーがいいと思います。12V以上の高い電圧がかかる場合は、動作が不安定になるので、9Vの3端子レギュレターなどを使ってください。

555とコンパレーターでパルス幅制御ができる仕組みについては、555の2—6番ピンから充放電波形電圧が出力されます。その波形は三角波になります。

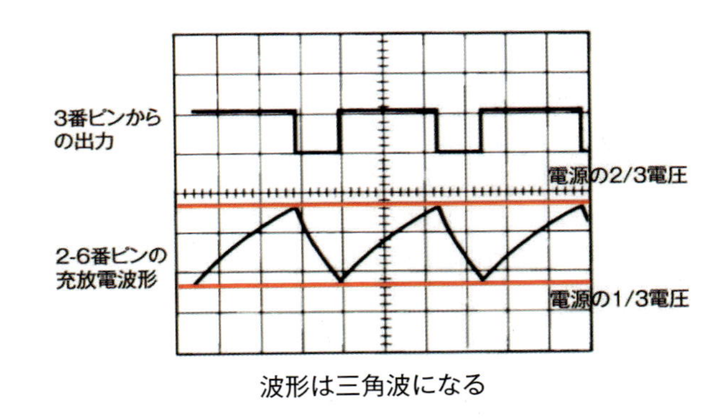

波形は三角波になる

この三角波をコンパレーターのマイナス側へ入力し、プラス側へは可変抵抗で調節した任意の電圧を入力しておくと、プラス側へ入力した電圧より高い波形のときだけオペアンプからの出力はOFFになり、低いときはONになるので、可変抵抗の調節で0—100%のPWM制御ができるのです。

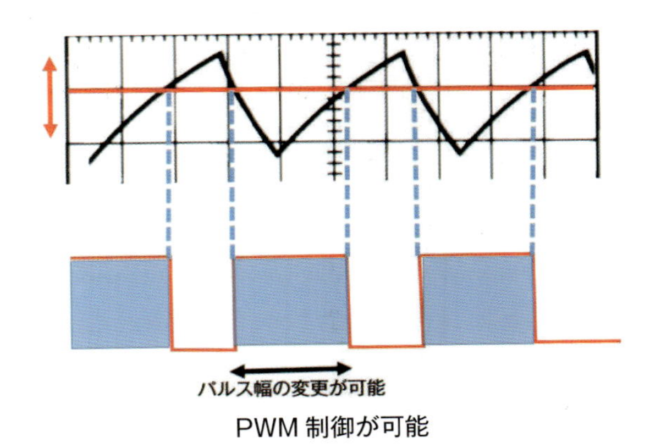

PWM制御が可能

ブロッキング回路は、組み上がったら 9 V 程度で動かしてみて50mA 程度の駆動電流値と、キーンという発振音が聞こえれば正常動作しているので、タイミング回路と接続しましょう。

コッククロフトウォルトン回路は、回路図の A と B 端子から200V の交流を入力すると、30倍した6000V の直流が得られます。仕組みは倍電圧回路を多段につなげているだけですが、見事な回路です。

使用する部品は入力電圧より **2 倍程度の耐圧で済む**のでコンデンサ、ダイオードともに1000V 耐圧品を使用しています。また、コンデンサの容量を1000pF としています。容量を増やせば出力エネルギーが増えますが、充電に時間がかかり電圧があがるまで時間がかかってしまいます。ケースへ格納する場合は、他部品へのスパークを予防するために梱包材で絶縁します。

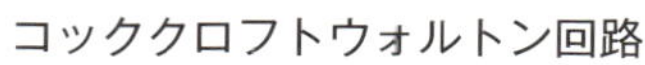

コッククロフトウォルトン回路

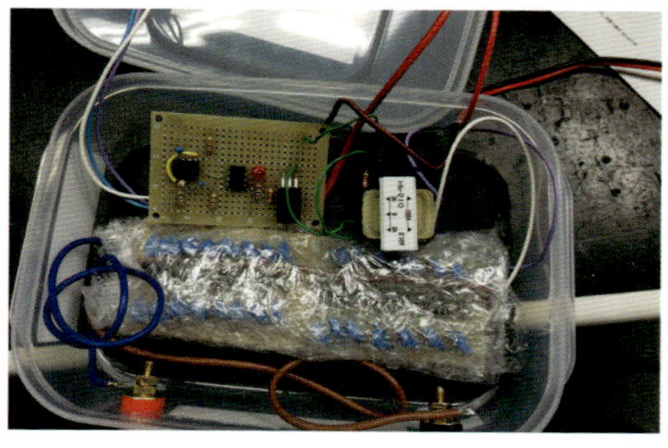

絶縁処理

(1) 安全に対するポイント

①回路に供給する電源はかならず電池（バッテリーを含む）にしてください。もちろん太陽電池でもOKですが、電池でも30Vを超えるものは使用しないようにしましょう。3端子レギュレターを使って定電圧を供給することをおすすめします。商用交流を利用するACアダプターの電源の使用はダメです。

※法令上ではAC電源や30Vを超える電源も使えますが、別途漏電検出器を設置しなければなりません。

②電気柵を設置する場合には危険であることがわかるように表示を必ずしてください。

③すぐに電路を遮断できるようにスイッチは必ず取り付けましょう。

④これは大原則、感電しないようにしましょう。特にペースメーカーなどを埋め込まれている方は十分に注意してください。

(2) 電気柵の設置

電気柵の電源ですが、3－2節で作成したソーラー発電を利用したポータブル電源を利用すれば、太陽エネルギーで電池交換することなく半永久的に電気柵を駆動できるのでおすすめです。

電気柵の通電方法には2パターンあるので参考までに。

①高圧のアース側を地面に接地させ、電線に高圧側を接続する方法

電気柵本体

しっかりと地面にアースピンを埋める

メリット：野生動物に対し、1本の電線の接触で電撃を与えることができる
デメリット：アースピンを接地できない場所では使えない（コンクリートの上など）

②電線にプラス、マイナスの高圧を接続する方法

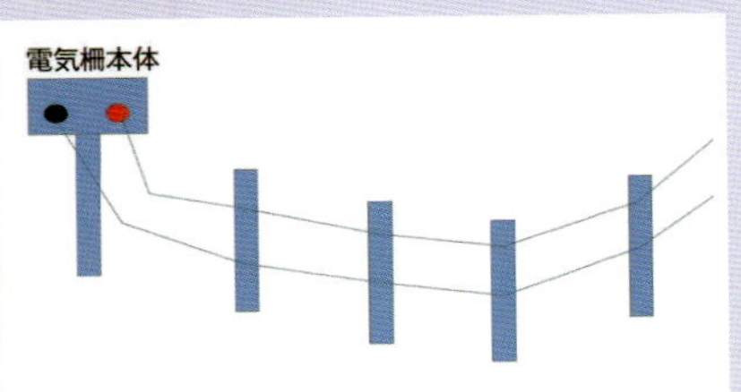

メリット：地面にアースがとれなくても設置できる
デメリット：2本の線に触れなければ電撃が与えられない

電気柵の柵の部分の電線は、導電性のある針金などでも代用可能です。電線を張るための杭は、高圧を流す電線とは絶縁するように工夫してみてください。絶縁できていないと、エネルギーが逃げて電圧が下がり効果が半減します。

コラム8：コッククロフトウォルトン回路

アーネスト・ウォルトンとジョン・コッククロフトは、1951年に加速荷電粒子による原子核変換の研究でノーベル物理賞を受賞しています。

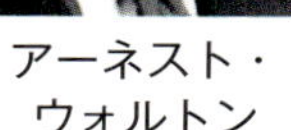

アーネスト・ウォルトン　　ジョン・コッククロフト

荷電粒子を加速させるためにはとてつもない高電圧の直流電圧が必要なのですが、なんと彼らは1930年代にコンデンサと整流器を用いた簡単な回路だけで数十万ボルト以上の直流電圧を作るのに成功しています。その回路を、彼らの名前からとってコッククロフトウォルトン回路といいます。今でもX線発生装置などに同等な回路が組み込まれていたりします。

このコッククロフトウォルトン回路は、コンデンサとダイオードを組み合わせて、その組み合わせ段数分の電圧を昇圧することができるのです。ちなみに、入力は交流波形で、出力は高圧直流になります。

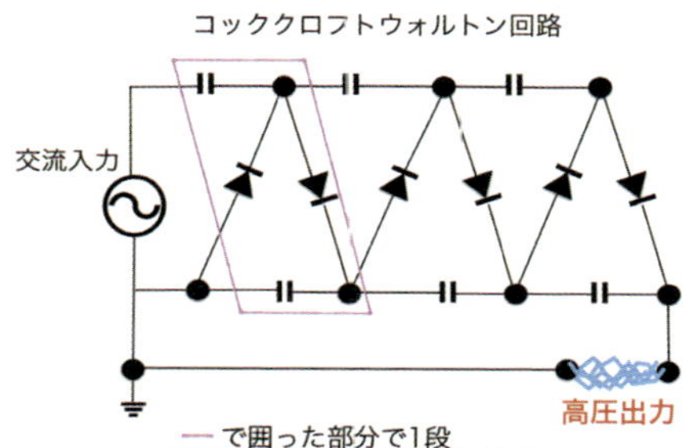

回路をよく見ると、実は倍電圧回路を繋げた回路だということがわかります。原理は結構簡単で、コンデンサをチャージポンプのごとく電荷をためて段々と電位を上げる仕組みです。回路の特徴で、電源交流の２倍程度耐圧のコンデンサとダイオードがあれば作成できます。

Part ❹

こんなものまで作れる!! 便利な工作キットを作ろう

回路や部品定数を一から考えて工作するのもエンジニアみたいでいいのですが、世の中には工作キットといって、必要な部品や専用基盤などがセットになったものがあります。中にはあっと驚くような機能の機器を安価に、そして簡単に作れてしまいます。Part ❹では、さらに電子工作が面白くなるような工作キットを選んで作成してみました。

4－1 これで計れないものは無し？

LCFメーターキットVer 2

電子工作や電子機器の修理を行う上で、コイルのインダクタンスやコンデンサの容量、また発振している対象の周波数を知るというのはとても重要なことです。

インダクタンスやコンデンサ容量、周波数を計測できる高級マルチテスターは数万円するので、LCFメーターを1台持っているだけで超絶便利ですし、メカニカルな計測器なので持っているだけでかっこいいのです。特にインダクタンス測定にとても貴重で自作コイルを巻く際には必須です。

パーツリスト

部品	型番	数量	備考
秋月電子 LCF メーターキット Ver. 2	SKU-21-010-339	1	
8－14V AC アダプター電源	9 V1.3A GF12-US0913など	1	
ケース		1	なんでも OK ケースに入れなく てもよい

LCF メーターキットとは

LCF メーターといわれても、なんだかよくわからないという人もいるでしょう。LCF メーターとは **L** ＝リアクタンス（コイル）、**C** ＝キャパシタンス（コンデンサ）、**F** ＝フリークエンシー（周波数）の頭文字をとったもので、コイルのインダクタ、コンデンサの容量、周波数を計測できる計測器になります。

電子工作を進めていくと、手巻きコイルのインダクタを計測したり、文字が読み取れないコンデンサの容量を調べたり、発振している素子の周波数を計測したりする場面に出会います。

インダクタやコンデンサ容量を計測することが可能な信頼できるマルチテスターは、かなり高価で数万円をゆうに超えます。3,000円以下でかなり精度の良いLCF メーターを自作できるとするとどうでしょう？　LCF メーターキットは大変リーズナブルで作りごたえがあり、さらに機能的にも優れたキットといえます。

工作スタート

秋月電子から LCF キットを購入すると気づくのですが、キットに付属する説明書などがありません。しかしご安心を。秋月電子のホームページ上では回路図、組み立て手順書などが PDF の形でダウンロードできます。

このキットははんだ付けする部品がたくさんあって組み上げるのが大変なのですが、正常動作したときの快感といったらありません。さぁ頑張って組み立てましょう‼

LCFメーターキット
Ver.2　LCD: ACM1602K-NLW-BBW
パーツリストと組み立て手順（基板に取り付ける順）
下記パーツリストの指定個数以上の部品が入っている場合がございます。保守部品としてご活用ください。

K-10762
SKU:21-010-339(V2)

□ 専用基板（両面プリント基板）×1

1. 抵抗器
□ 100Ω［茶黒黒黒茶］×1 (R14)
□ 1KΩ［茶黒黒茶茶］×5 (R4, R8, R9, R,11, R12)
□ 2KΩ［赤黒黒茶茶］×3 (R1, R2, R13)
□ 5.6KΩ［緑青黒茶茶］×1 (R15)
□ 47KΩ［黄紫黒赤茶］×1 (R3)
□ 10KΩ［茶黒黒赤茶］×2 (R17, R18)
□ 100KΩ［茶黒黒橙茶］×3 (R5, R6, R7)

2. ダイオード
□ 1N4007(整流用ダイオード)×4 (D1, D2, D3, D4)

3. 水晶発振子
□ 12MHz 水晶発振子 ×1 (Y1)

4. 三端子レギュレータ
□ LM7805(5V 1A) ×1 (U2)
3 本のリードを L 字型に折り曲げ加工をしてから基板に取り付けます。（写真 1 を参照してください）

本体から 2mm 程度離れたところから折り曲げてください。
写真 1

5. IC ソケット
□ 8P IC ソケット (LM393 用) ×1 (U3 にセットします)
□ 40P ICIC ソケット (MCU 用) ×1 (U1 にセットします)

6. 集合抵抗
□ 10kΩ×8 集合抵抗 (9 ピン SIP) ×1 (A09-103)
A103J の刻印を正面に見て、左端が 1 番ピンです。

7. ピンヘッダ
□ 2×1 ピン ピンヘッダ ×1 (J6)
5V 給電用端子

8. セラミックコンデンサ
□ 22pF(22) ×2 (C1, C2)
□ 1000pF(102) ×2 (C12, C13)
□ 1 μF(105) ×1 (C14)

9. LED
□ 赤色 3mm 径 LED ×1 (D13)

10. 半固定抵抗
□ 10kΩ(103) 縦型半固定抵抗 ×1 (R10)（液晶コントラスト調整用）

11. 電解コンデンサ
□ 10 μF/25V ×4 (C5, C6, C7, C8)
C6 は 2 本のリードを L 字型に折り曲げ加工をしてから基板に取り付けます。折り曲げる方向に注意してください。（写真 2 を参照してください）

写真 2

12. ピンコネクタ
□ 16P ピンコネクタ（メス）×1 (J9)　液晶表示器用

13. ピンヘッダ
□ 2×5 ピン ピンヘッダ ×1 (UAB_ASP (JP1))

14. トランジスタ
□ 9015 PNP トランジスタ ×1 (Q1)
□ 9014 NPN トランジスタ ×1 (Q2)

15. ターミナルブロック
□ 2P ターミナルブロック（縦型）×4 (J2, J3, J5, J8)

16. DC ジャック
□ DC ジャック ×1（適合プラグ：外径 5.5mm/ 内径 2.1mm) (J4)

17. 多回転ポテンショメータ
□ 5kΩ(3296-502) 多回転ポテンショメータ ×1 (R16)

18. インダクタ
□ 100 μH ×1 (L1)

19. 電解コンデンサ
□ 470 μF/16V ×3 (C3, C4, C9)
C3, C4 は 2 本のリードを L 字型に折り曲げ加工をしてから基板に取り付けます。それぞれ折り曲げる方向に注意してください。（写真 3 を参照してください）

写真 3

20. プッシュスイッチ
□ オルターネート型プッシュスイッチ ×6 (S1, S2, S3, S4, S6, S7)

21. 液晶モジュールへのピンヘッダ実装
□ ACM1602K-NLW-BBW　LCD モジュール ×1
□ 40P ピンヘッダ ×1 を 16 ピンに切断してください。

…はんだ付け箇所をルー…

…違えずに実装してくだ…

…済)×1 (U1)
…)×1 (U3)

…)

25. 手順 21 で製作した液晶モジュールを専用基板にセット

26. プッシュスイッチのキートップ取り付け
□ キートップ（赤色）×6

27. 液晶表示器のコントラスト調整
適切な電源につなぎ、R10(10kΩ) を回して液晶表示器のコントラストを調整します。［写真 4 を参照してください］

有極性コンデンサ測定の校正は、R16(5kΩ) によって行います。容量の明らかな被測定コンデンサによって測定の校正をおこないます。

…定端子

電源 DC 5V 入力
プラス／マイナス
写真 4
電源
DC 8V ～ 14V
(AC 7V ～ 10V)
極性なし
適応プラグ
外径：5.5mm
内径：2.1mm
① 電源 SW
② 有極性コンデンサ
［小容量］モード SW
周波数
測定端子
…号入力／GND
20Hz～400kHz
有極性コンデンサ
測定端子
＋／－
0.5 μF～12000 μF
③ 有極性コンデンサ
［大容量］モード SW
④ 周波数測定モード SW
⑤ コイル測定モード SW
⑥無極性コンデンサ
［微小容量］モード SW

組み立て手順書（必ずプリントアウトしましょう）

 部品の確認

まずは部品が揃っているか確認です。キット製品によっては部品が足りなかったり、なぜか多かったりするものがあります。多くて困ることはありませんが、パーツが無いことに作業の途中で気づくと、放心状態になること必須ですので最初に確認することをおすすめします。

キットの中身

部品配置とはんだ付け

必ず手順通りに行ってください。組み付ける順番も重要です。

基本的に専用基盤に配置部品の記号や番号がプリントしてあるので、その場所へ配置しはんだ付けしていきます。たとえば最初に取り付ける抵抗器を例にあげると、手順書には抵抗器の抵抗値と［ ］で囲まれたカラーコードの色、数量、そして（ ）で囲まれた専用基盤上での配置場所が記載されています。

1. 抵抗器
- □ 100Ω [茶黒黒黒茶] ×1 (R14)
- □ 1KΩ [茶黒黒茶茶] ×5 (R4, R8, R9, R,11, R12)
- □ 2KΩ [赤黒黒茶茶] ×3 (R1, R2, R13)
- □ 5.6KΩ [緑青黒茶茶] ×1 (R15)
- □ 47KΩ [黄紫黒赤茶] ×1 (R3)
- □ 10KΩ [茶黒黒赤茶] ×2 (R17, R18)
- □ 100KΩ [茶黒黒橙茶] ×3 (R5, R6, R7)

手順書1． 抵抗器のリスト

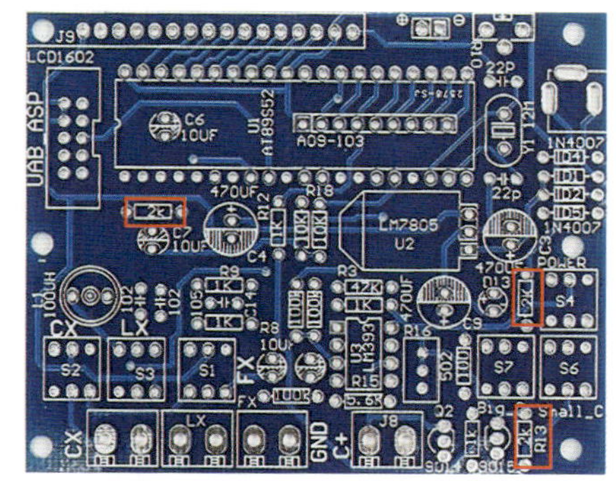

専用基盤図

手順書の２kΩに着目すると、この抵抗は３本あって、基盤上での場所はR1、R2、R13であることがわかります。そこでプリント基盤を見てみると、R1やR2のプリント表示はありませんが、２kと抵抗値が書かれているので配置場所がここだということがわかります。

他の部品も同様に位置と種類を特定して配置してください。極性や方向があるダイオードや電解コンデンサなどの配置には注意しましょう。

配置する場合や組み立てに注意を要する部品

手順書にも書かれていますが、思うがままに取り付けると痛い目にあう部品や、取説でも組み立てがイマイチよくわからない（私の主観ですが）ものがあるので、注意しましょう。

以下、手順書の中で特に注意すべき点についてアドバイスします。

手順書６．集合抵抗

刻印を正面に見て、左端が１番ピンですとしか手順書には書かれていません。

基盤への配置は写真の様に刻印が見えるように配置します。

手順書11．電解コンデンサの C6

40ピンソケットの中に配置する10μF の C6は、写真のように寝かしてはんだ付けしてください。立てると IC を差し込めなくなります。

● **手順書14. トランジスタの取り付け**

トランジスタの平面部分がプリント基盤のDカット面と合うように配置します。トランジスタは2箇所ありますが、向かい合うような配置になります。

● **手順書17.**
多回転ポテンションメータ

● **手順書19.**
電解コンデンサのC3、C4

ポンテションメーターは写真のように上側にネジが来るように配置し、電解コンデンサは寝かせてはんだ付けします。

● **手順書21.**
液晶モジュールのピンヘッダ加工

ピンヘッダを16ピン分切り離して、写真のように取り付けます。

● **手順書23.**
ICのソケットへの取り付け方向

ICの取り付け方向は切り欠き部を基準にしてください。プリント基盤に切り欠きプリントがしてあるので、それを基準にします。

組みあがったらいよいよ火入れ（電源を入れる）

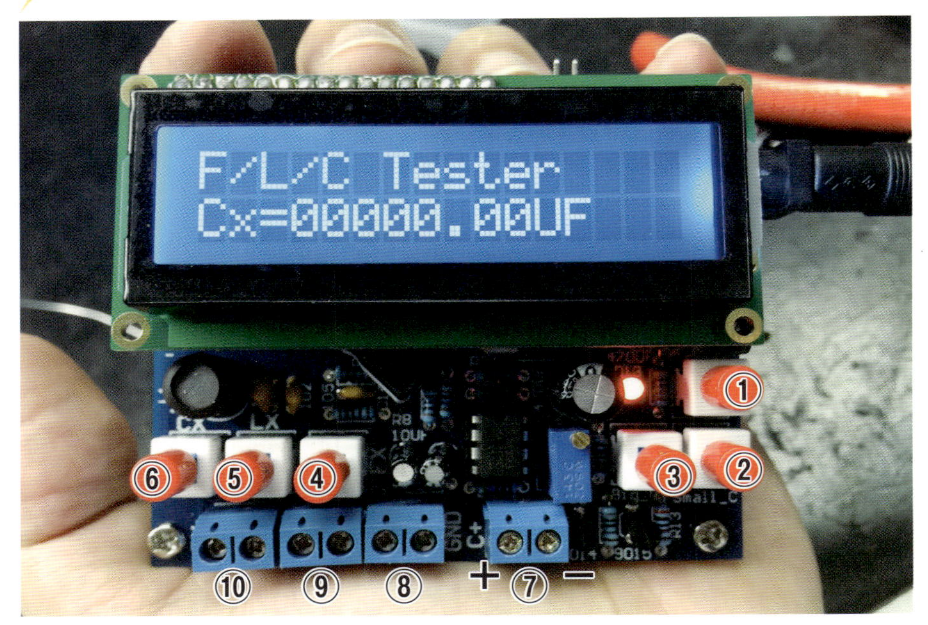

ボタン①の電源スイッチで起動します。ここで起動できたら大成功です。まずは安心しましょう。

②～⑥のボタンで測定したいモードを選択し、モードにあった測定対象を測定端子に入力して LCD より値を読み取ります。

スイッチ機能と測定端子は次の通りです。

①電源ボタン
②有極性コンデンサ小容量モードスイッチ
③有極性コンデンサ大容量モードスイッチ
④周波数測定モードスイッチ
⑤コイル測定モードスイッチ
⑥無極性コンデンサ微小容量モードスイッチ
⑦有極性コンデンサ測定端子　0.5μF～12000μF
⑧周波数測定端子　20Hz～400kHz
⑨コイル測定端子　0.5μH～１H
⑩無極性コンデンサ測定端子　１pF～2.2μF

調節と注意点

(1) 液晶表示器のコントラスト調節

コントラストの調節

(2) コンデンサ測定の校正

コンデンサ測定の校正

電源を入れてLCDが点灯し文字が表示されればいいのですが、何も映らない場合があります。そんなときはコントラストの調節を行ってください。

写真の位置にR10の可変抵抗器があるので、ここを増加減してコントラストを調節してください。フワァ～ッと文字が浮かびあがればばっちりです。

もしLCDのバックライトさえ点灯しなければ、すぐに電源を落として、ルーペで基盤のはんだ付けや部品の取り付け、ショートなどしていないか入念に観察してみてください。

有極性のコンデンサ測定は容量の明らかなコンデンサによって校正しなければなりません。写真のように値のわかっている誤差の少ないコンデンサで校正してください。

方法は簡単で、有極性コンデンサ測定端子に極性を間違えないようにコンデンサを挿入し固定します。LCDに静電容量の値が表示されるので、測定対象の容量と測定値の容量を同じになるよう、多回転ポテンショメーター（R16）を回転させます。

私の場合470μFのケミコンを計測したら、最初600μF程度と表示されたので校正を実施しました。その後、他のコンデンサを計測してもほぼ誤差がない測定結果を得られます。最高です。

4-2 なかなか使える手乗りサイズのオシロスコープ

LCDオシロスコープキット06204KPL

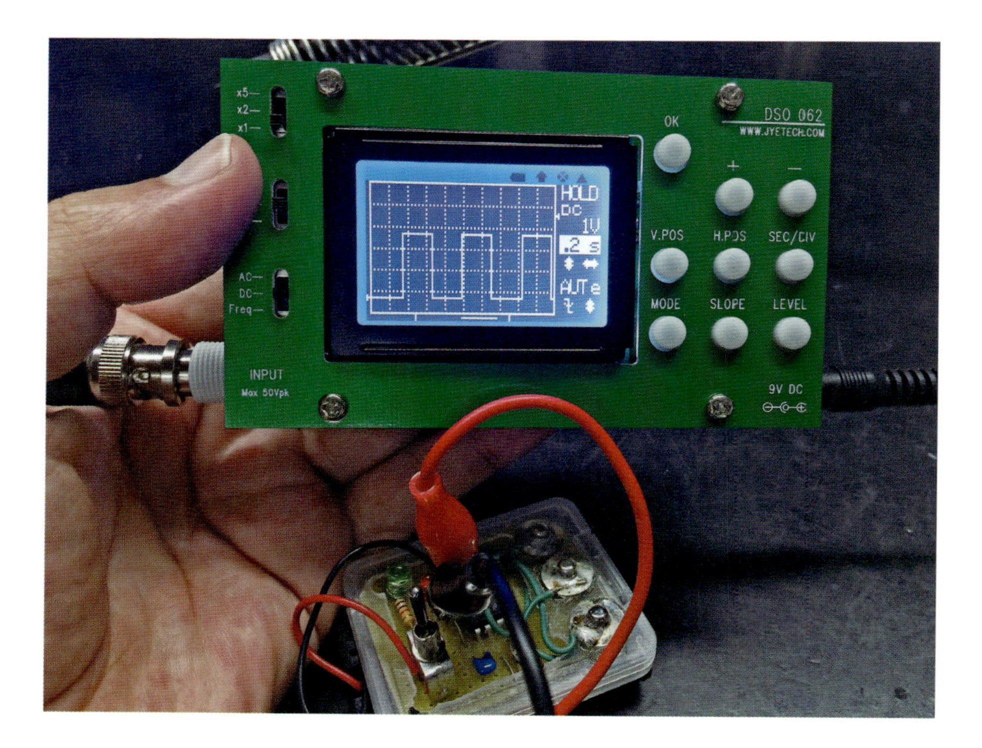

無機質な線を描出するオシロスコープで回路波形を観察、回路の不具合を調節し問題を解決していく…そんなプロフェッショナルな感じ、憧れますよね？　しかし、現実のオシロスコープは高価な代物で、初心者が買うには勇気と膨大なお金が必要です。今回は5,000円程度と安価であるにもかかわらず、実用的でしかも手乗りサイズのオシロスコープキットを作ります。

オシロスコープでできないことはありません！　波形を観察したり、機器の不具合を特定したり、電圧を確認したりと、オシロスコープキットはあたなの電子工作ライフを次の次元へと誘うことでしょう。

パーツリスト

部品	型番	数量	備考
オシロスコープキット	06204KPL	1	
9V　ACアダプター	GF06-US09065A	1	9―12Vで300mA以上の出力できる電源ならOK

キットの選び方

オシロスコープ作成キットはネット検索を行うと、さまざまな種類があることに気づきます。秋月電子やAmazonはもちろんその他のサイトからも多数販売されているので、性能や信頼度から作成キットを選べばよいでしょう。

ただ、見た目が同じでも販売元や基盤のカラーが違うなど、キットの選定で迷うと思うので、キット選定の参考程度に選ぶ基準を記述しておきます。

●値段

コストvs効果で考えると、1万円以上予算があれば安価で2ch分見られるオシロが買えます。

●見た目

これも大事な要素でしょう。中にはカラーで表示可能なものがあります。

●作成後の性能

[サンプリング周波数]

サンプリング周波数とはアナログ信号からデジタル信号への変換を1秒間に何回行うかを表しており、この値が高ければ高いほど性能が良いといえます。

[分解能]

分解能とはアナログからデジタルへ変換後のレベルの度合いで、たとえば分解能が8ビットであれば256ステップで波形表示が可能になります。単純に表示される値の精度といったほうがいいかもしれません。これが低いと荒く、高いと細かく見られるといった具合です。

[アナログ周波数帯域]

周波数帯域とはオシロで表示させる値の周波数の上限値といったほうがわかりやすいと思います。オシロで計測したい周波数帯が具体的に決まっていればこの値は重要になるでしょう。

私の場合は、総合的に判断してLCDオシロスコープキット06204KPLを選びました。決め手はアナログ周波数帯域が中でも高い1 MHzという点からです。

工作スタート

LCDオシロスコープキット06204KPLは、はんだし難い表面実装部品は最初から取り付けてあるので制作自体は簡単です。ただ、取り扱い説明書が全て英語であるので工作するのには少しハードルがあがります。

ここでは、本家取り扱い説明書に準じた正しい方法で工作していきます。

部品の確認

最初に部品表と照らし合わせて部品がそろっているか確認しましょう。

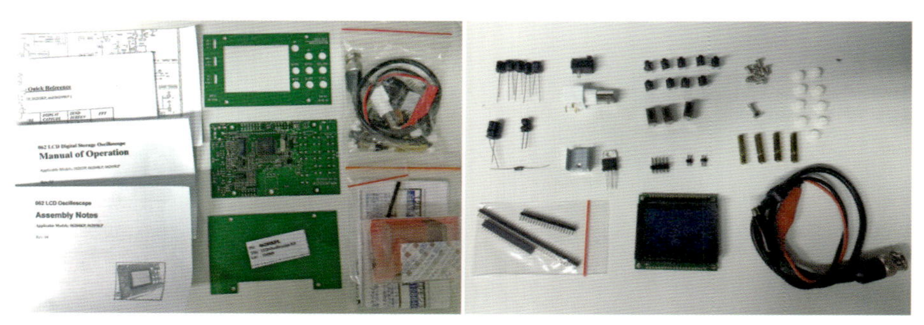

LCD オシロスコープキット06204KPL の部品表と部品

取り付け開始

部品が揃っていれば、早速部品の取り付けを開始します。取り付ける部品はメイン基盤の裏側に集中しています。表側にはスイッチやLCDなどを取り付けます。次ページの上の図が取り付け部品箇所です。意外と少ないです。

メイン基板裏側　スルーホール部品設置箇所

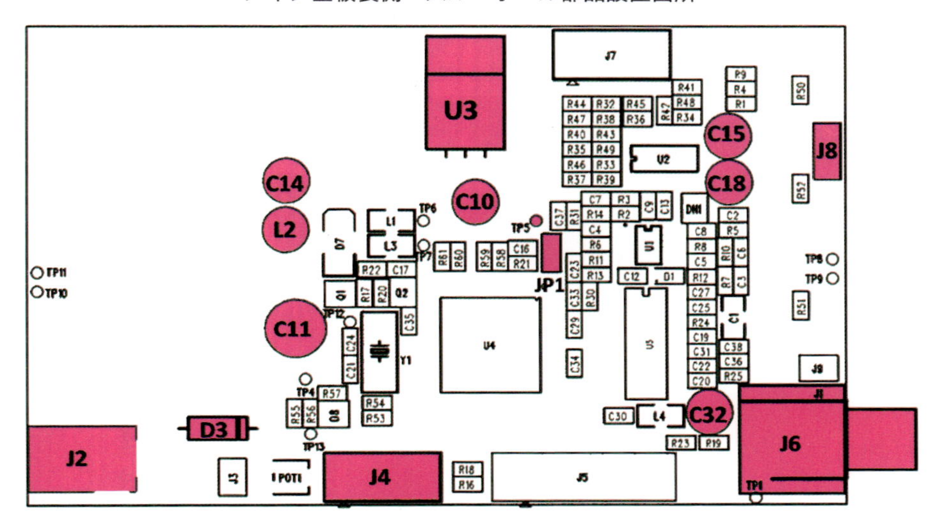

部品設置箇所

基盤の裏側

ここからは作業工程をステップごとに説明します。

まずは、メイン基盤裏側の部品の設置から行います。

step 1 D3へダイオードを取り付けます。ダイオードには**極性があります**。

基盤にもカソード側に線が入っているので、ダイオードの1N4007の極性を間違わないように配置しはんだ付けします。

step 2 C10, C14, C15, C18, C32へ100μF、C11へ470μFの電解コンデンサを取り付けます。こちらも**極性**があるので注意してください。**足が長いほうがプラス側**になります。

ちなみに、セットに入っているケミコンは信頼度がイマイチなので、ルビコンの電解コンデンサに変更しました。変更する際は容量と耐圧は守りましょう。ケミコンの耐圧も16Vから25Vに変更しましたが、サイズが大きくなったので、横に寝かして配置しました。

step 3 L2のコイルを取り付けます。特に極性はありません。

step 4 J4のピンヘッダーを取り付けます。ピンストリップヘッダの取り付け方向は、短いピン側を基盤側に差し込みはんだ付けをします。

この端子はPCと通信などするときに使ったりします。いらない人は付けなくてもOKです。

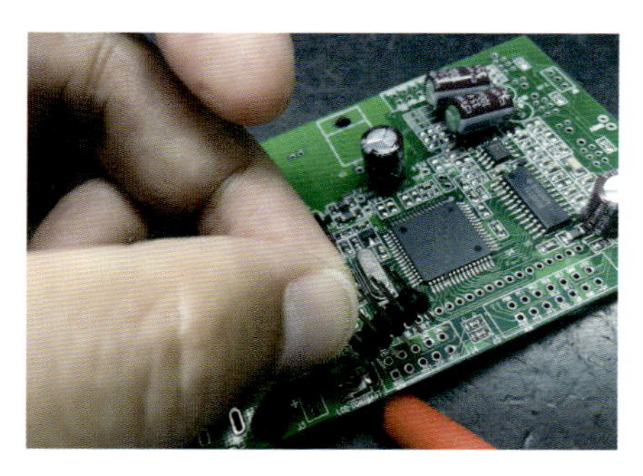

step 5 J2の電源コネクターを取り付けます。

step 6 J1およびJ6に測定信号用のコネクタ（BNC）を取り付けます。

step 7 J8にテスト信号を出力するために、ジャンパーワイヤーを取り付けます。J8の真ん中の穴と一番上の穴をジャンパー線ではんだ付けするだけです。信号はワイヤーに出力されるので、ワイヤーをワニロクリップなどではさめるように配置します。

step 8 レギュレーターICとヒートシンクをU3に取り付けます。取付けの順序は、ICの足を曲げておき、基盤とヒートシンク、ICを基盤の表側よりネジを通し、ナットで固定し、最後にICをはんだ付けします。

最初にICを固定してしまうと、ヒートシンクを取り付けできなくなる可能性があるので注意しましょう。

step 9 オシロスコープ裏面の部品取り付けは終了したので、ここで問題がないかチェックしておきます。

電源は9—12VのACアダプターで供給します。TP5とGND間の電位が5Vであるか確認します。GNDはレギュレーターの放熱フィンが導通しているので、活用すると便利です。他にも基盤上にGNDがあります。

step 10　JP1をジャンパーします。JP1は5Vを各部に供給するライン、いわば関所になっています。step 9で問題がないことが確認できたら、JP1をつないで、本格的に各素子に電源を供給させるのです。

ですので問題がないことを確認後に、ジャンパーで導通させなければなりません。

JP1をジャンパー線で導通させた後に、もう一度step 9で行った電圧を測りましょう。

電圧が大幅に変化していたり異常にICが発熱していると問題があります。その場合は、すぐに電源を抜いてもう一度取り付け部品に間違いがないか、方向は正しいか確認してください。

問題が無ければ、次に表面への部品設置に移ります。

step 11　タクトスイッチを取り付けます。基盤表からタクトスイッチを取り付けてはんだ付けするのですが、タクトスイッチを**基盤としっかり密着させて面に対して垂直にハンダ**しましょう。そうしないと、あとでフロントパネルやボタンカバーとずれて大変困ります。

step 12　スライドスイッチを取り付けます。タクトスイッチ同様にスライドスイッチも取り付けていきますが、しっかり**面に対して垂直**に取り付けます。

step 13　LCD モジュールを取り付けます。メイン基盤に LCD を取り付けるためのピンを LCD にはんだ付けします。20ピンのピンストリップを LCD の下側（LCD 裏面の文字が読みとれる方向で下側）の穴に LCD の裏面よりピンストリップの足の**短いほうを挿入**してはんだ付けします。LCD 上部にはピンストリップ 2 組を左右の一番角へ取り付けます。

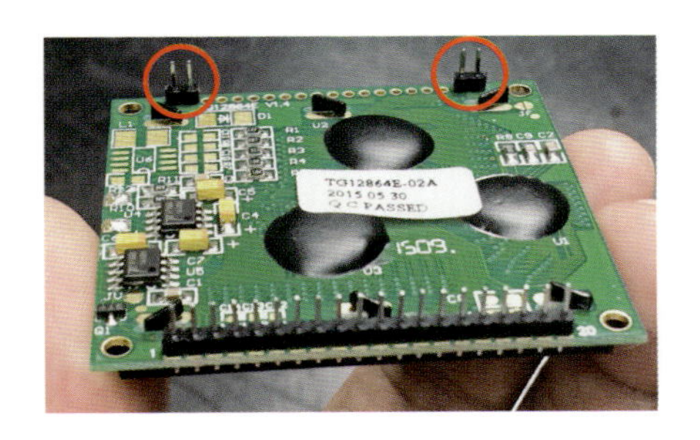

LCD へピンストリップの取り付けが終われば、メイン基盤に LCD を挿入しはんだ付けしていきます。

はんだ付けはピン同士の幅が狭いため少し難しいですが、集中してやれば大丈夫 !!　私も何度もピン同士をハンダ付けしてしまいました。そんなときははんだ吸い取り線ではんだを取り除きながら丁寧にはんだ付けしていきましょう。

組み立てから完成へ

メイン基盤が出来上がったら、付属パーツで組み上げます。スペーサーやボタンカバーなどを取り付け、ネジ止めしていきます。スペーサーは短いものと長いものが組み合わさっているので外しておきます。

まずはフロントパネルから取り付けましょう。このときタクトスイッチやスライドスイッチが斜めにはんだ付けされていたりすると、カバーが閉まらなかったり、ボタンが押せなかったりするので、フロントカバーを取り付けたら、ボタンをしっかり押すことができるか確認してください。

バックパネルは、切り欠きのあるほうが下になるように止めます。

これで全て終了です。電源を入れれば、すぐに LCD パネルが発光し、文字が描出されれば組み立て完了です。

動作チェックと調節

(1)　LCD の調節

組みあがったら、適切に動作するか確認しましょう。

LCD は光っているのに何も表示されない場合は、コントラストの調節が必要な可能性があります。LCD が発光すらしていない場合は、配線に問題があるケースが考えられるので、はんだがショートしていないか念入りに見てください。

コントラストの調節はメイン基盤の裏側に可変抵抗がついており、それを回すことで調節できます。

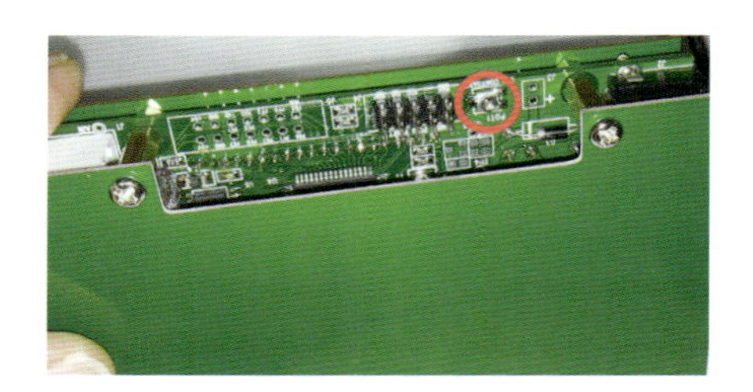

(2)　波形表示チェック

電源を入れたら、赤のプローブをテストポートへつなぎます。

Sec／DIV を押して＋、－ボタンで 1 mV にします。LEVEL を何度か押して AUTi にします。

画面左のスライドスイッチは上から ［×1］ ［1V］ ［DC］ と設定します。そうすると波形が表示されるので、V.POS で波形の 0V ラインを調節します。写真のように矩形波が表示されれば OK です。

外部の波形を表示される場合は LEVEL を AUTe にしてみてください。

一番下の写真は電極を手にあててノイズを表示させているところす。

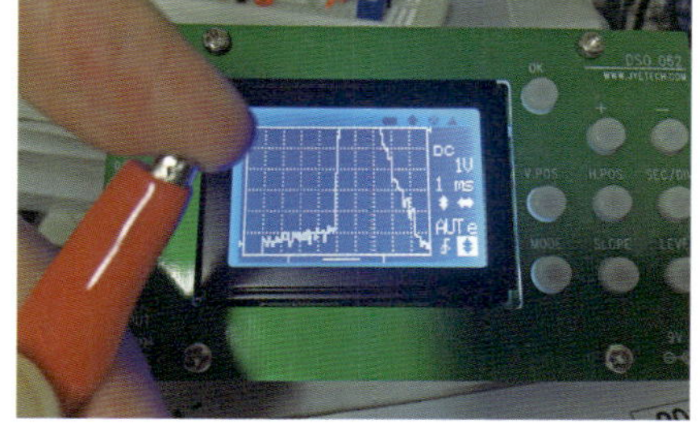

ここまでできたら、あなたも電子工作中級者からオシロスコープ初段に昇格です。これからさまざまな回路を計測し、電子工作における次のステップへと進んでください。

索引

数字

英字

お

か

き

け

こ

す

せ

そ

た

て

と

に

ね

の

は

ひ

ふ

へ

ほ

め

も

■著者紹介

高瀬和則（たかせ かずのり）

1982年愛媛県北宇和郡鬼北町生まれ。看護師、臨床工学技師として地方の総合病院に在職。医療と工学の融合である生体医工学が専門で主な資格にME専門認定士、体外循環技術認定士、透析技術認定士など取得。WEBサイト"臨床工学技師の為の電子工作"（http://electronicworkce.boo.jp/）を運営。他にiPhoneアプリの開発も手がけ「人工心肺Navi」「ナースの為の人工呼吸器」「diaapp」「KtOverV」などを無償でリリースしている。

■製作スタッフ

●装丁　吉川　淳

●組版＆作図　株式会社キャップス

●企画・編集　谷戸伸好

職人技シリーズ

電子工作の職人技

2017年2月15日　初版　第1刷発行

2017年9月24日　初版　第2刷発行

著　者　高瀬和則

発行者　片岡　巌

発行所　株式会社技術評論社

東京都新宿区市谷左内町21-13

電話　03-3513-6150　販売促進部

03-3267-2270　書籍編集部

印刷／製本　港北出版印刷株式会社

定価はカバーに印刷してあります。

本書の一部または全部を著作権法の定める範囲を超え、無断で複写、複製、転載、テープ化、ファイル化することを禁じます。

©2017　高瀬和則

造本には細心の注意を払っておりますが、万一、乱丁（ページの乱れ）や落丁（ページの抜け）がございましたら、小社販売促進部までお送りください。送料小社負担にてお取り替えいたします。

ISBN978-4-7741-8707-5 C3055

Printed in Japan

本書の内容に関するご質問は、下記の宛先まで書面にてお送りください。お電話によるご質問および本書に記載されている内容以外のご質問には、一切お答えできません。あらかじめご了承ください。

〒162-0846

新宿区市谷左内町21-13

株式会社技術評論社 書籍編集部

「電子工作の職人技」係

FAX：03-3267-2271